AF878813

Die Frachtversicherung

Von

Dr. Wilhelm Mohr

★

Hamburg 1927
Kommissionsverlag von L. Friederichsen & Co.

Alle Rechte vorbehalten.

Inhaltsübersicht.

Anm.: Die vorliegende Arbeit ist eine von der Hohen Rechts- und Staatswissenschaftlichen Fakultät der Hamburgischen Universität angenommene Dissertation, die im Seminar für Versicherungswissenschaft auf Anregung von Herrn Prof. Dr. Bruck entstanden ist.

§ 1.

Fracht, insbesondere bedingte und unbedingte Fracht.

I. Die Frage, was Frachtversicherung sei, ist an sich einfach genug zu beantworten: Es ist eben die Versicherung der Fracht. Um so umständlicher ist es aber, diesen einfachen Satz, den wir hiermit als Ausgangspunkt allen folgenden Untersuchungen voranstellen, nach allen Richtungen auszudeuten, um eine umfassende Anschauung von seiner Bedeutung zu bekommen.

Zunächst gilt es, sich klar zu werden, was unter Fracht zu verstehen ist. Um ganz vollständig zu sein, hätte dann noch eine Untersuchung zu erfolgen über den Begriff „Versicherung“, woraus dann schließlich der Begriff „Frachtversicherung“ zu gewinnen wäre. Von einem näheren Eingehen auf die Frage, was Versicherung sei, soll in dieser Arbeit jedoch abgesehen werden. Es gäbe dies Stoff zu einer selbständigen Untersuchung, die den Rahmen dieser Abhandlung sprengen würde. Dazu kommt, daß, obgleich die theoretischen Anschauungen über das Wesen der Versicherung erstaunlich weit auseinandergehen, sodaß es fast scheint, als müßten jene grundverschiedenen Ansichten und Definitionen zu unvereinbaren Ergebnissen führen, doch später, wenn die Untersuchungen vom festen Boden tatsächlicher Gegebenheiten ihren Ausgang nehmen, der theoretische Streit über das „Wesen der Versicherung“ vergessen scheint und durchgehend ein allgemeines Hand in Hand gehen zu beobachten ist.

Wichtig ist für uns aber, daß über die Bedeutung des Wortes „Fracht“ Klarheit gewonnen werde. (Über den sprachlichen Ursprung vgl. Pappenheim III 498[2], Ritter 111).

In der Rechtssprache finden wir das Wort Fracht hauptsächlich in zwei Bedeutungen. Es werden einmal darunter verstanden die Frachtgelder, das vom Befrachter geleistete Entgelt für die laut Frachtvertrag vom Verfrachter bewirkte Beförderung von Gütern. — Sodann wird aber auch unter Fracht verstanden: Die Frachtforderung, die Forderung auf das laut Frachtvertrag dem Verfrachter zustehende Entgelt. (Pappenheim III 498f. — Hochgräber b. Manes und Sieveking 10 verstehen irrtümlich Fracht nur i. S. von Vergütung). Wir werden später sehen, daß beide Wortbedeutungen für die Frachtversicherung wichtig sind. (RG. 71, 395: „Gegenstand der Frachtversicherung ist begrifflich eine bereits entstandene Frachtforderung oder bei der Versicherung von Frachtvorschuß eine darauf geleistete Zahlung.“)

Das Wort Fracht wird dann auch noch — allerdings nur im Laiensprachgebrauch — i. S. von Schiffsladung verstanden. Dann wäre also Fracht soviel wie Güter, Frachtversicherung soviel wie Güterversicherung. Daß dies nicht richtig ist, liegt nach den obigen Ausführungen auf der Hand. Daß das Wort Fracht gelegentlich auch noch in anderen, nebensächlichen Bedeutungen vorkommt, sei hier nur der Vollständigkeit halber erwähnt; so, wenn Ritter es einmal i. S. von „Frachtvertrag“ gebraucht („die Fracht ist geschlossen“), oder wenn es im HGB. einmal gar i. S. von „Berechnungszeit für die Frachtzahlung“ angewandt wird. (HGB. § 622).

II. a) Definieren wir die Fracht nach ihrem Zweck, so müssen wir sagen: Sie ist die Gegenleistung für die Beförderung von Gütern.

Legen wir hierbei den Ton auf Beförderung, so gelangen wir zu einer Abgrenzung der Fracht gegen die Schiffsmiete. Bei dieser handelt es sich lediglich um die Überlassung des Schiffes, ohne daß gleichzeitig der Transport von Gütern versprochen wird. Die tatsächliche Feststellung jedoch, ob im gegebenen Fall Schiffsmiete oder etwas anderes vorliegt, ist nicht immer einfach, da in den wenigsten Fällen der Rheder sich auf einen reinen Mietevertrag einläßt, d. h. dem „Mieter“ den Besitz überläßt, wenigstens nicht den ausschließlichen Besitz. Der Rheder behält zumeist eine Art

Mitbesitz an seinem Schiff, indem er an den Mieter zugleich die Dienste seiner Schiffsmannschaft mitvermietet. Dieser Mischvertrag wird neuerdings Schiffsheuer genannt.

Also auch bei diesem Mischvertrage fehlen die Merkmale des Frachtvertrages als eines Transport-, d. h. Werkvertrages. Es werden eben nur Dienste, kein Erfolg versprochen. — Eine Art Annäherung des Frachtvertrages an die anderen Typen — allerdings in anderer Hinsicht — erfolgt dadurch, daß die Fracht zuweilen nicht, wie es ihrer Natur an sich entspräche, nach dem Erfolg, d. h. dem zurückgelegten Wege, sondern nach der Zeit berechnet wird, also Mietgrundsätze angewendet werden. Man spricht hier von Zeitfracht im Gegensatz zur gewöhnlichen oder Reisefracht. Doch auch hier noch verwischen sich die Merkmale weiter: Die Zeitfracht kann eigentliche oder uneigentliche Zeitfracht sein, je nachdem, ob sie für eine bestimmte Zeit oder für eine bestimmte Reise nach Zeit berechnet wird; und die Reisefracht schließlich kann in der Form der Zeitreisefracht auftreten, wenn nämlich die Fracht für alle während einer bestimmten Zeit zu machenden Reisen geschuldet wird. Allen diesen auf den ersten Blick zweifellos etwas verwirrenden Ausgestaltungen ist jedoch gemeinsam, daß immer „Reisen" den Gegenstand des Vertrages bilden. Dies festzuhalten ist bedeutsam, da sich, wie später zu zeigen sein wird, hieraus wichtige Risikounterschiede zur Schiffsmiete und Schiffsheuer ergeben.

Für die Frachtversicherung ist die Unterscheidung dahin, ob Schiffsmiete oder -heuer vorliegt, gleichgültig. Die Fragestellung lautet vielmehr nur: Ist Erfolg versprochen oder nicht? Wenn ja, liegt jedenfalls ein Frachtvertrag vor; andernfalls nicht, und dann interessiert es im Rahmen dieser Untersuchung nicht weiter, welche Vertragsform sonst vorliegt.

b) Legen wir in unserer obigen Definition der Fracht den Ton auf „Beförderung von Gütern", so kommen wir zu einer Unterscheidung der Fracht von den Überfahrtsgeldern für Personenbeförderung. Das Gemeinsame jedoch, im übereinstimmenden Gegensatz zur Schiffsmiete und -heuer, bildet das Merkmal der Beförderung. Übereinstimmend bedeutet auch Überfahrtsgeld das Geld, die Vergütung für die Beförderung eines Reisenden, als auch die Forderung auf Vergütung. Es sind, abgesehen eben von dem Gegenstande der Beförderung, so viele Gemeinsamkeiten von Fracht und Überfahrtsgeld vorhanden, daß § 109 ADS. für die Überfahrtsgelderversicherung die entsprechende Anwendung der Frachtversicherungsvorschriften vorschreibt. (Ritter: „Das Überfahrtsgeld ist der Zwilling der Fracht").

III. Es ist hier nicht der Ort, in eine ausführliche Besprechung der einzelnen Arten von Fracht einzutreten. Den Zwecken dieser Arbeit dient es nicht, sich über Charter- und Stückgüterfracht, besegelte und unbesegelte Fracht, Aus- und Rückfracht u. dgl. eingehend zu verbreiten. Über gewisse Typen wird zudem wegen ihrer Bedeutung unter anderen Gesichtspunkten später in anderem Zusammenhange zu handeln sein, z. B. über Brutto- und Nettofracht unten § 5, über Ober- und Unterfracht unten § 6.

Ein Einteilungsgrund ist jedoch von höchster Wichtigkeit, besonders für die Erkenntnis der Natur der Risiken in der Frachtversicherung, und dieser ergibt sich aus folgender Überlegung:

Der normale Frachtvertrag geht dahin, daß die Fracht für den Gütertransport geschuldet und geleistet wird, also für einen Erfolg. Es ist daher natürlich und entspricht auch allgemein bürgerlichrechtlichen Werkvertragsgrundsätzen, daß, wenn der Erfolg ausbleibt, d. h. wenn die Güter nicht am Bestimmungsort ankommen, der „Werklohn" in Gestalt der Fracht nicht zu entrichten ist. Es ist also der dem § 644 BGB. zu Grunde liegende Gedanke, daß der Werkunternehmer die Gefahr trägt. Dies ist für den Frachtvertrag ausgesprochen in § 617, Abs. 1 HGB., in dessen erster Hälfte es heißt:

„Für Güter, die durch irgend einen Unfall verlorengegangen sind, ist keine Fracht zu zahlen".

Es kommt aber vor, daß die Fracht bereits am Beginn

der Frachtreise ganz oder teilweise gezahlt wurde, und für diesen Fall heißt es in § 617 HGB. weiter: „(keine Fracht zu zahlen) oder die etwa vorausbezahlte zu erstatten".

Nichts hindert aber die Parteien daran, zu vereinbaren, daß nicht der Verfrachter, sondern der Befrachter die Gefahr des Frachttransportes tragen soll, in der Form, daß der Befrachter die Fracht auf jeden Fall bezahlt, einerlei, ob die Güter ankommen oder nicht (Ritter 116). Deshalb steht in § 617 weiter:

„soweit nicht das Gegenteil bedungen ist".

Dieser § 617 ist, wie sich später noch näher zeigen wird, gewissermaßen der Angelpunkt der ganzen Frachtversicherung.

Um das Ergebnis der letzten Ausführungen festzulegen, seien noch einmal die verschiedenen Möglichkeiten der Frachtzahlung zusammengefaßt.

Zunächst muß jedoch einmal auf die hier gebräuchliche Ausdrucksweise eingegangen und festgestellt werden, daß sie, wie leider nicht selten im Versicherungswesen, Anlaß zu allerhand Unklarheiten gibt.

Wenn in § 617 HGB. von „vorausbezahlter Fracht" die Rede ist, so läßt dies den (an sich durchaus natürlichen) Schluß zu, daß dies einen Gegensatz bilden solle zu einer „nachträglich bezahlten" Fracht. Wir sehen: Ob die Fracht im voraus oder nachträglich bezahlt wird, ist auf ihre Natur ganz ohne Einfluß. Das Wann, der Zeitpunkt, an dem bezahlt werden soll, kennzeichnet das Risiko nicht. Der vom Gesetz gemeinte Gegensatz ist auch nicht: „im voraus" und „nachträglich", sondern „im voraus" und „endgültig" bezahlte Fracht. Und schon an dieser Stelle mag hinzugefügt werden, daß unter „endgültig bezahlter Fracht" begrifflich auch die „endgültig zu bezahlende Fracht" verstanden wird (Ritter 118). Unter „im voraus" ist also eigentlich „vorläufig" gemeint; denn das ist der Gegensatz zu „endgültig". (Tecklenborg 44 versteht den Ausdruck „im voraus“ tatsächlich rein zeitlich. Span. HGB. § 667 stellt wenigstens eine Vermutung auf!)

In diese beiden grundlegenden Alternativen: „vorläufig“ und „endgültig“ lassen sich nun jeweils die beiden anderen: „im voraus“ und „nachträglich“ einordnen. Dann ergeben sich schließlich folgende Möglichkeiten:

1. Die Fracht ist (vom Befrachter aus gesehen) vorläufig vorausbezahlt, bezw. (vom Verfrachter aus gesehen) vorläufig im voraus erhalten. Oder sie ist vorläufig zu bezahlen, bezw. zu fordern. Dies ist der Fall, in dem die Zahlung vom Erfolg der Reise abhängig gemacht wird: Die Fracht, d. h. entweder die Frachtforderung oder das endgültige Recht auf die schon erhaltenen Frachtgelder ist durch den glücklichen Ausgang der Reise bedingt. Darum möchte ich alle eben aufgezählten Fälle zusammenfassen unter dem Namen **bedingte Fracht.** Hierunter verstehe ich also die Frachtforderung oder die Frachtgelder, die dem Verfrachter unter der Bedingung zustehen, daß die Frachtreise gelingt, wobei es gleich gilt, ob der Befrachter im voraus oder nachträglch bezahlt hat oder bezahlen soll.

Beispiel für bedingte Fracht: Deutsch-Nordischer Kohlen-Frachtvertrag (Deutsegler):

„... 2. Nach glücklicher Ankunft im Löschhafen und bei guter und getreuer Ablieferung erhält der Kapitän an Fracht ... für die Tonne von 1015 kg. ausgeliefertes Gewicht. Auf Verlangen des Kapitäns haben die Empfänger während der Entlöschung Fracht auf Abschlag zu zahlen“.

(Tecklenborg 42 meint allerdings (1862!): „Dieser Unterschied zwischen verdienter und zu verdienender Fracht beruht auf solcher Spitzfindigkeit, daß füglich behauptet werden kann, die Versicherung der Fracht sei in den Ländern, wo er geltend gemacht wird, durchaus untunlich ... Wir müssen um Entschuldigung bitten, wenn wir diese Lehre nicht begreifen“).

2. Hierzu in grundlegendem Gegensatz stehen die Fälle, in denen dem Verfrachter die Frachtforderung bezw. die

schon erhaltenen Frachtgelder in jedem, also auch für den Fall zustehen, daß die Frachtreise mißglückt, daß die Güter aus irgend einem Grunde nicht ankommen; oder, vom Befrachter aus gesehen, die Fälle, in denen er ohne Rücksicht auf den Erfolg der Frachtreise Fracht zahlen muß oder die schon bezahlte Fracht dem Verfrachter unter allen Umständen belassen muß. Ich schlage vor, alle diese Fälle unter der Bezeichnung **unbedingte Fracht** zusammenzufassen.

(Klauseln für unbedingte Fracht: fret acquis à tout événement; fret acquis, même en cas de sinistre; ship lost or not lost.)

Bei der so gewonnenen Einteilung der Fracht verstehen wir also sowohl Frachtgeld wie Frachtforderung unter dem Worte Fracht. Während sonst das Bestreben sein muß, zwei gewonnene Begriffe mit aller Schärfe auseinanderzuhalten, ist hier der entgegengesetzte Weg eingeschlagen und fortan das Wort Fracht immer in seinen beiden Bedeutungen gemeint, nachdem erkannt ist, daß das frachtversicherungsmäßige Risiko in beiden Fällen genau dasselbe ist, also auch in der rechtlichen Behandlung keine Verschiedenheiten auftreten. Aus diesem Grunde kommen wir zur Ablehnung der von Ritter 114 dahin formulierten Auffassung, daß „grundsätzlich nur Frachtforderungen versicherbar seien". Das RG., das von Ritter als Beleg für seinen Satz zitiert wird, ist übrigens garnicht seiner Ansicht, sondern es sagt eindeutig (RG. 71, 395), daß die Frachtforderung oder die „geleistete Zahlung" versicherbar sei, nennt also beides in einem Atem. (Ritter hat mit dieser seiner Auffassung übrigens fortwährend Ungelegenheiten, indem er mit Fiktionen arbeiten muß, z. B. Anm. 21 zu § 105, anstatt unter Fracht auch gleichzeitig das Frachtgeld zu verstehen.) —

Zu beachten ist noch: Auch wenn die Fracht unbedingt zu zahlen ist, schuldet der Verfrachter trotzdem noch immer den Erfolg. Die Tatsache also, ob bedingte oder unbedingte Fracht geschuldet wird, ist auf die Vertragstype als solche ohne Einfluß. Nur das versicherungsmäßige

Risiko verschiebt sich in beiden Fällen; entweder trägt es der Verfrachter oder der Befrachter.

Der nächste Paragraph wird zeigen, daß beide Arten, die bedingte wie die unbedingte Fracht, versicherungsrechtlich bedeutsam sind, wenn auch unter verschiedenen Gesichtspunkten.

Zusatz 1: See-, Binnen-, Luft- Frachtversicherung. In den bisherigen Ausführungen ist immer stillschweigend der Seefrachtvertrag und die Seefrachtversicherung zugrunde gelegt worden und wohl mit einigem Recht. Denn tatsächlich ist die Seefrachtversicherung, verglichen mit der Binnenfrachtversicherung, von weit überragender Bedeutung. (So stellt auch schon die Begründung zum VVG. b. Gerhard-Hagen 502 fest: „Die Frachtversicherung spielt . . . bei den Binnentransporten eine verhältnismäßig untergeordnete Rolle"). Daher erscheint es gerechtfertigt, in den folgenden Untersuchungen grundsätzlich und stillschweigend von der Seefrachtversicherung zu handeln und nur dort, wo das Binnenfrachtversicherungsrecht Abweichungen aufweist, diese in einem Anhang zu erörtern, wobei gegebenenfalls noch auf die Frage des „Luftfrachtversicherungsrechts" einzugehen wäre.

Zusatz 2: Historisches. Das Rechtsgebilde der Frachtversicherung ist verhältnismäßig, d. h. verglichen mit Kasko- und Güterversicherung, noch nicht sehr alt; denn es konnte naturgemäß erst entstehen, nachdem es den Begriff „Fracht" gab. Ursprünglich war jeder Kaufmann sein eigener Rheder und Verfrachter, bezw. jeder Rheder fuhr als Kaufmann selbst auf eigenem Schiff mit eigenen Gütern. Erst seitdem es aufkam, das eigene Schiff zur Beförderung fremder Güter zu benutzen, d. h. aus der Seeschiffahrt als solcher seinen Verdienst zu ziehen, konnte es Frachtlohn geben und dieser gegen den Verlust durch Seegefahren versichert werden.

In Frankreich war die Versicherung der Fracht bis zum Jahre 1885 überhaupt verboten. Man glaubte damit zu erreichen, daß der Verfrachter in erhöhtem Maße für Erhaltung von Schiff und Ladung Sorge trug, indem man ihm für den Fall des „Verlustes“ eine Ersatzmöglichkeit abschnitt. Zudem war man der Ansicht, wenn es sich um „zu verdienende Fracht“ handelte, daß während der Seereise noch gar keine Fracht vorhanden sei (Fracht war eben nur gleich Frachtgeld), eine Versicherung also unmöglich sei, da es eine Versicherung gegen den Verlust eines noch garnicht bestehenden Gegenstandes nicht gäbe. (Tecklenborg 41.)

Zusatz 3: Gegenwärtig gültige Rechtsquellen des Frachtversicherungsrechts sind vor allem das Handelsgesetzbuch (HGB.), und zwar der zehnte Abschnitt des vierten Buches und die Allgemeinen Deutschen Seeversicherungs-Bedingungen von 1919 (ADS.), insbes. §§ 105 bis 107.

§ 2.

Frachtinteresse. Frachtgefahr.

I. Wir betrachten zunächst den Fall, daß der Verfrachter seine Fracht nur bei — ganz oder teilweise — erfolgreicher Reise bekommt. Er hat also nur für den Fall des Eintritts einer Bedingung zu fordern. Entfällt die Bedingung, so entfällt damit auch die Forderung, d. h. die Forderung geht unter.

Hier kann die Versicherung eingreifen. Denn es sind die Voraussetzungen dahingehend gegeben, daß der Frachtforderung oder den bedingt erhaltenen Frachtgeldern, bezw. der wirtschaftlichen Beziehung oder dem Interesse an ihnen eine Beeinträchtigung droht: die Möglichkeit eines Ereignisses, kraft dessen laut Frachtvertrag der Verfrachter seiner Frachtforderung, bezw. des Surrogats, der Frachtgelder, verlustig geht. Der Verfrachter kann gegen die Gefahr des Frachtverlustes Versicherung nehmen, genau ausgedrückt: gegen den Untergang der Frachtforderung oder deren Surrogat, dagegen, daß der Befrachter nicht zu leisten braucht, daß der Befrachter seine Schuldnereigenschaft verliert (Ritter 115).

II. Die unbedingte Fracht ist derartigen Gefahren enthoben. Der Befrachter muß unter allen Umständen leisten; er kann insoweit gar nicht sein Schuldnertum verlieren; der Anspruch des Verfrachters besteht eben ohne Rücksicht darauf, ob die Reise gelingt oder nicht. Man könnte daher glauben, daß die unbedingte Fracht überhaupt nicht versichert werden kann, da sie scheinbar gar keiner Gefahr ausgesetzt ist.

Dem ist aber nicht so. Zwar kann die Forderung des Verfrachters gegen den Befrachter nicht mehr untergehen. Er bekommt die Fracht also auf jeden Fall; aber sie kann ihm wieder genommen werden.

Er muß nämlich u. U. Schiffsgläubigern mit der Fracht haften; die Fracht muß ev. zu Kollisionsgeldern beisteuern u. dgl. Der Verfrachter wird, gerade in seiner Eigenschaft als Verfrachter, mit seiner Fracht haftpflichtig (Ritter 116, Sieveking 11). Es besteht also doch noch eine Gefahr für die Fracht, nämlich eine durch Haftpflichtinteressen vermittelte Gefahr.

Hiergegen kann naturgemäß auch Versicherung genommen werden. Der „Entwurf Allgemeiner deutscher Seeversicherungsbedingungen“ von 1910 führte darum unter den versicherbaren Interessen auch namentlich „die vom Verfrachter endgültig erhaltene Fracht“ an. Wir nennen sie „unbedingte Fracht“, weil wir darunter auch noch die endgültig zu erhaltende bezw. zu bezahlende Fracht zählen, die natürlich (als Forderung) in genau dem gleichen Haftpflichtrisiko steht, wie das Surrogat, die endgültig erhaltene Fracht.

Beide Arten von Frachtinteressen, so verschiedenartig sie auch sind (das eine betrifft den Untergang einer Forderung, das andere eine Haftpflicht), haben gemeinsam, daß sie sich auf „die Fracht“ als Oberbegriff beziehen, und daß beide den Gefahren der Seeschiffahrt i. S. des § 1 Abs. 1 ADS. ausgesetzt sind. (Vgl. Pappenheim III 499, Sieveking 10.)

III. Größere Anschaulichkeit der eben gewonnenen Ergebnisse dürfte erreicht werden durch einen Vergleich der Frachtinteressen mit anderen, dem ersten Anschein nach vielleicht ähnlichen Interessen.

a) Zu diesem Zwecke sei gefragt: Haftet der Frachtversicherer dem Verfrachter, wenn der Befrachter in Konkurs fällt und der Verfrachter aus diesem Grunde seine Fracht nicht oder nur teilweise bezahlt bekommt? Man ist vielleicht geneigt, diese Frage zu bejahen, weil ja tatsächlich dem Verfrachter „Fracht verloren geht". Daß dem nicht so ist, ergibt sich jedoch aus folgenden Erwägungen: Zunächst ist dieser Frachtverlust nicht auf eine Seegefahr zurückzuführen, wenigstens nicht notwendigerweise. Es wäre zwar möglich, daß der Befrachter deswegen in Konkurs gerät, weil nicht gerade diese eine fragliche Frachtreise, aber vielleicht eine Reihe anderer mißlungen sind, woran er sein Vermögen verloren hat. Jedenfalls aber wäre das nur ein Beispiel für eine Ursache des Zusammenbruches, und man könnte zahlreiche Beispiele bilden mit Ursachen, die nichts mit Seegefahren zu tun haben. —

Der zweite, wichtigere Einwand ist aber folgender: Wir haben festgestellt, der Verfrachter ist gegen den Untergang seiner Forderung versichert. Im Falle des Konkurses seines Kontrahenten besteht seine Forderung, juristisch gesehen, aber noch; sie ist nur entwertet. Sie kann sogar soweit entwertet sein, daß man von einem tatsächlichen Untergang der Forderung sprechen könnte; juristisch ist sie aber noch vorhanden. Ist aber „der Anspruch auf die Fracht rechtlich begründet, so haftet der Versicherer nicht, wenn auch der Verfrachter tatsächlich die Fracht nicht erhält" (Sieveking 181). Im Sinne der Frachtversicherung liegt ein Frachtverlust nur dann vor, wenn die Fracht rechtlich verloren ist (Sieveking 181).

Gegen die Entwertung einer Forderung zu schützen, ist die Aufgabe der Kreditversicherung, in der wir somit ein Gebilde erkennen, das, was die wirtschaftlichen Folgen angeht, der Frachtversicherung nicht unähnlich erscheint.

das jedoch in der juristischen Struktur grundlegende Unterschiede aufweist.

„Die Kreditversicherung im weitesten Sinn bezweckt den Ersatz des Ausfalles, den der Versicherungsnehmer durch die Zahlungsunfähigkeit seines Schuldners erleidet.“ „Versicherungsfall sind der Konkurs, die Abweisung des Konkurses mangels Masse, das Moratorium, die Liquidation ohne volle Zahlung, der außergerichtliche Vergleich (Akkord) und die fruchtlose Pfändung« (Herzfelder b. Manes 809). Es handelt sich also immer um ein Nichtzahlen-können.

Vergleicht man hiermit die Versicherungsfälle in der Frachtversicherung, so erkennt man, daß die Vermögenslage des Schuldners hier völlig gleichgültig ist. Er kann in den besten Vermögensverhältnissen sein und braucht eben nicht zu zahlen, weil die Frachtreise nicht geglückt ist. Der Versicherungsfall ist also bei der Frachtversicherung, wenn man so will, in dem Vermögen des Verfrachters (Schiff, Fracht) begründet, bei der Kreditversicherung in dem Vermögen des Befrachters.

Man könnte meinen, es sei nach dieser Feststellung des Unterschiedes zwischen Fracht- und Kreditversicherung für den Juristen ohne weiteres möglich, alle denkbaren Fälle in eine der beiden Gruppen einzuordnen. Man überdenke aber einmal folgenden Fall:

Es kommt vor, daß in den Frachtvertrag die sog. Cesserklausel aufgenommen wird, z. B. (Deutsegler Z. 14):

> „Die Verantwortlichkeit der Befrachter hört auf, sobald die Ladung an Bord geliefert ist“

oder auch:

> „Charterers responsability shall cease, when cargo is put on board“,

d. h. also: Der Befrachter haftet nicht mehr für die Fracht, bezw. nur mit der Ladung, sobald die Güter an Bord sind. Wie ist nun das Schicksal der Frachtforderung?

Angenommen, der Empfänger (der hier nicht zugleich Befrachter sein darf) nimmt nicht ab und zahlt (natürlich) auch nicht. Die Güter, beispielsweise eine Ladung Früchte, werden schlecht. Geht da die Frachtforderung im Verhältnis des Güterverlustes „unter", oder wird sie nur entwertet? Selbst wenn anfangs zwischen Verfrachter und Befrachter ein bestimmter Frachtsatz abgemacht war: Ist er nicht durch die Cesserklausel dahingehend abgeändert, daß er gegebenenfalls nur dem jeweiligen „Rest"wert der Ladung entsprechen solle?

Der Verkehr jedoch, und, ihm folgend, das Recht sehen aus dergleichen dinglichen Forderungen, wie sie uns übrigens im Laufe der Untersuchung noch mehr begegnen werden, ein Kreditinteresse entstehen.

Ritter, indem er der Untersuchung von Molt folgt, führt in diesem Zusammenhange folgende Fälle des Kreditinteresses auf: Einmal den Fall, daß der Schuldner nicht leisten kann, weil er entweder zahlungsunfähig ist oder im Laufe der Kreditgewährung wird; sodann den Fall, der dem eben besprochenen entspricht, und der von Ritter folgendermaßen umschrieben wird: Der Schuldner braucht nicht zu leisten, weil er zwar schuldet, aber nicht haftet, weil nämlich das Haftungsobjekt (in unserem Fall: die Ladung) verloren gegangen ist. Ritter bemüht sich offensichtlich, die (Verkehrs-) Ansicht, daß hier ein Kreditinteresse vorliege, dadurch juristisch zu stützen, daß er sagt: Der Schuldner schuldet. Damit soll zum Ausdruck kommen, daß an sich eine Forderung noch besteht, auch wenn das Haftungsobjekt verloren ist. Wenn aber der Gläubiger in solchem Falle sich nicht an das übrige Schuldnervermögen, das durchaus leistungsfähig sein mag, halten kann, kann man dann noch von einem juristischen Bestand der Forderung sprechen? M. E. deutet gerade die Bezeichnung „dingliche Forderung" für solches Rechtsgebilde darauf hin, daß gewissermaßen „das Ding", das Haftungsobjekt, Schuldner geworden ist. Das Haftungsobjekt wird insoweit von dem übrigen Schuldnervermögen gänzlich abgetrennt, wobei denn die Schuldnereigenschaft für dieses eine Rechtsverhältnis von der Person des Schuldners auf die („abgetrennte") Sache überspringt. Die Sache ist also gleichsam

Vermögenssubjekt und -objekt zugleich. Sie erhält Rechtspersönlichkeit. Und von solchem Gesichtspunkt aus kann man allerdings bei Beschädigung oder Untergang dieser Sache von einem juristischen und tatsächlichen Untergang der Forderung sprechen, so daß von dieser Richtung her die Annahme eines Kreditversicherungsfalles gerechtfertigt erscheint. Nicht aber ist dieser in der Person des Befrachters eingetreten; man kann nicht sagen, daß dieser trotz Verlustes des Haftungsobjektes noch „Schuldner“ sei.

Schließlich führt Ritter noch als Fall der Kreditgefahr an, daß der Schuldner deswegen nicht leistet, weil er zwar an sich schuldet und auch haftet, aber das Haftungsobjekt, das ihn leistungsfähig erhalten sollte, verloren gegangen ist. Hier liegt also der Fall vor, daß das Vermögen des Schuldners ganz oder nahezu ganz aus dem Haftungsobjekt besteht, so daß beim Untergang des Objektes zwar theoretisch noch das „übrige“ Schuldnervermögen haftet, diese Haftung aber praktisch bedeutungslos ist, somit hier eine typische Forderungsentwertung für den Gläubiger gegeben ist, also ein die Kreditversicherung angehender Fall.

Wenngleich in dem Fall, daß eine Cesserklausel besteht, der Frachtverlust in kreditversicherungsrechtliches Gebiet fällt, würde doch m. E. einer rein frachtversicherungsrechtlichen Behandlung dieses Falles nichts im Wege stehen, da es sich hier tatsächlich nur um typische Seegefahren handelt und handeln kann. Entfällt doch die Haftung des Befrachters erst, „when cargo is put on board“, d. h. wenn für die Ladung die Seegefahren beginnen. Sie hören auf, wenn der Empfänger die Güter annimmt, und ausgeliefert werden sie eben nicht eher, als bis die Fracht vom Empfänger bezahlt worden ist, so daß dann das Frachtrisiko — es ist jetzt immer nur von bedingter Fracht die Rede — aufgehört hat.

Ebenfalls nach frachtversicherungsrechtlichen Gesichtspunkten ist m. E. der Fall des § 616 Abs. 2 HGB. zu behandeln. Hier ist die Rede von dem Recht des Befrachters, wenn flüssige Güter während der Reise ausgelaufen sind, dem Verfrachter für die Fracht die leeren Behältnisse an Zahlungsstatt zu überlassen. Decken diese die Fracht nicht, so ist die Frachtforderung entwertet; oder soll man sagen: bezüglich der Differenz zwischen voller Fracht und dem Wert der Behältnisse „untergegangen“? Der Fall liegt ähnlich wie der mit der Cesserklausel. Da es sich auch hier um Folgen von Seegefahren handelt, dürften fracht- und nicht kreditversicherungsrechtliche Grundsätze unbedenklich anzuwenden sein.

b) Auf eine Parallele zu einem anderen Interesse kommt man durch folgende Überlegung:

Wirtschaftlich betrachtet, ist die Fracht der Gewinn, den sich der Verfrachter von einer Reise verspricht. Hier erhebt sich die Frage, ob daher nicht auch die Fracht als imaginärer Gewinn versichert werden könne. Auf den ersten Blick könnte es so scheinen. (Vgl. unten § 7: Rhedersgüterfracht!)

Zunächst ist jedoch festzustellen, wovon im Einzelnen der Gewinn erwartet wird. Von den Gütern kann der Verfrachter ihn nicht erwarten; denn die gehören nicht ihm, sondern dem Befrachter. Man kennt aber auch den Begriff Schiffsgewinn, und es läßt sich nicht leugnen, daß das Schicksal des Schiffes und das der Fracht in engstem Zusammenhange stehen; kommt das Schiff wohlbehalten an, so ist damit eine der wichtigten Voraussetzungen für den Erwerb der Fracht gegeben. Aber eins ist zu beachten: Die Gewinnversicherung bezieht sich lediglich auf entgehenden Gewinn (lucrum cessans); geht aber Fracht verloren, so hat der Verfrachter einen ganz positiven Schaden; denn in der Fracht sind seine baren Auslagen, wie Heuer, Ausrüstungskosten u. dgl. enthalten. Im Versicherungsfalle verliert er also etwas, was er früher gehabt hatte; es entsteht ein damnum emergens. Dies gilt aber nur, wenn (wie üblich) Bruttofracht versichert ist. Ist Nettofracht (s. unten § 5) allein versichert, so liegt reine Gewinnversicherung vor, da die Nettofracht (zwei Drittel der Bruttofracht) den Unternehmergewinn darstellt, bezw. in dieser Höhe angenommen wird.

2*

Im übrigen gebietet schon § 1 ADS. und § 779 HGB., daß Schiff und Fracht besonders, jedes Interesse für sich versichert werden muß. Es kann also nicht die Fracht als „Schiffsgewinn“ mit dem Schiff zusammen versichert werden. — Der eigentliche Grund ist jedoch, wie bereits ausgeführt, der, daß man ein damnum-Risiko nicht als lucrum-Risiko versichern kann.

c) Es wurde oben gesagt, die Fracht stehe in engem Zusammenhange mit dem Schiff und dessen Schicksal. Ein mindestens ebenso enger Zusammenhang besteht jedoch mit den Gütern. Kommen die Güter nicht an, so kann das Schiff in noch so brauchbarem Zustande sein: Die Fracht ist für den Verfrachter verloren. Diese Tatsache bringt die Frachtversicherung in grundlegenden Gegensatz zur Versicherung der Schiffsmiete. (Sieveking 10) Bei dieser wird das Entgeld für den Gebrauch des Schiffes allein geschuldet und gezahlt. Was den Gütern passiert, die auf dem vermieteten Schiffe befördert werden, kümmert den Schiffsvermieter nicht. Der Anspruch auf die Schiffsmiete entfällt also nur, wenn der Schiffskörper dem Mieter nicht zur Verfügung gestellt werden kann. Kann beispielsweise das Schiff wegen Haverei die Reise nicht fortsetzen, so ist für die Zeit der Haverei keine Miete, wohl aber Fracht zu zahlen (Sieveking 10). Die Versicherung der Schiffsmiete bezieht sich also lediglich auf das Schiff, während die Frachtversicherung sich auf Schiff und Güter bezieht; in welcher Weise, wird unten in § 6 näher zu beleuchten sein. Dieses Merkmal der Frachtversicherung ist nicht nur der Schiffsmiete, sondern auch allen übrigen zwischen Schiffsmiete und Frachtvertrag stehenden Mischverträgen, wie Schiffsheuer und ähnlichen Formen, gegenüber ausschlaggebend. Denn, seien jene Mischverträge auch noch so kompliziert ausgestaltet und lassen sie sich deswegen auch noch so schwer in irgendwelche Rubriken einordnen: ihnen allen fehlt jedenfalls das Merkmal, daß sie sich (außer auf das Schiff) auch auf die Güter „beziehen“. Sobald dies der Fall ist, liegt Frachtversicherung vor.

Wie wichtig eine genaue Unterscheidung in dieser Richtung ist, wird sich unten in § 7 zeigen, wo näher darauf einzugehen sein wird, daß nur Fracht, und nicht Schiffsmiete und -heuer zur großen Haverei beiträgt. (Pappenheim III 93; LZ. 1910. 710.)

Über Reise- und Zeitfracht ist bereits oben in § 1 II a gehandelt worden. Es sei in diesem Zusammenhange jedoch noch auf die Vorschrift des § 1 Abs. 3 Satz 2 ADS. hingewiesen, die besagt, daß dem Versicherungsnehmer kein Nachteil daraus erwachsen soll, wenn er Schiffsmiete als Zeitfracht oder Zeitfracht als Schiffsmiete bezeichnet hat. Wohlgemerkt: Die Bezeichnung als Reisefracht gilt als unrichtige Interessenbezeichnung; und mit Recht. Der Grund liegt darin, daß bei Reisefracht, Zeitfracht und Schiffsmiete die Folgen der Reiseverzögerungen sehr verschieden sind. Während die Reisefracht im allgemeinen von Reiseverzögerungen nicht berührt wird ist dies naturgemäß in hohem Maße bei Zeitfracht und Schiffsmiete der Fall. Daher ist es schon möglich, die letzten beiden Typen in der Bezeichnung zu vertauschen, nicht aber Schiffsmiete und (gewöhnliche) Reisefracht. — Damit ist übrigens nicht gesagt, daß in beiden Fällen (Schiffsmiete und Zeitfracht) die Risiken dieselben seien. Zeitfracht ist Fracht, die nach Zeit berechnet wird, aber doch eben Fracht; d. h. nur die Zeit wird „berechnet", in der auch der geschuldete Erfolg eingetreten ist. Die Schiffsmiete wird auch nach der Zeit berechnet, aber u. U. auch wenn der Erfolg nicht eintritt, sofern eben trotzdem die Gebrauchsüberlassung des Kaskos stattfindet, wenn auch die Güter nicht ankommen. Gleich sind die Risiken nur, wenn die Zeitfracht unbedingt geschuldet wird.

d) Schließlich ist in diesem Zusammenhange noch der Schleppvertrag zu erwähnen. Der Schleppvertrag kann Frachtvertrag sein; er kann aber auch gewöhnlicher Dienstvertrag sein. Das Unterscheidungsmerkmal besteht darin, daß im ersten Fall die Obhut über das Schleppgut ausschließlich beim Schlepper ist, während sie es im zweiten Fall wenigstens nicht ausschließlich ist. Der Grund dafür, daß man im ersten Fall den Schlepplohn als Fracht versichern kann und im zweiten nicht, liegt darin, daß der Schlepper naturgemäß nicht den typischen „Erfolg“ der Fracht- (Schlepp-) Reise versprechen kann, wenn er nicht die ausschließliche Obhut über die Schleppgüter und somit deren Schicksal nicht allein in seiner Macht hat. Er kann also nur Schlepp„dienste“ versprechen, deren Lohn er natürlich auch versichern kann, aber eben wegen des erheblich verschiedenen Risikos nicht als Fracht. (Im übrigen vgl. Ritter 124f., der allerdings im zweiten Fall von „Werk- oder Dienstvergütung“ spricht. M. E. kann es sich nur um „Dienstvergütung“ handeln; denn wenn der Vertrag als Werkvertrag angesehen werden kann, ist er, wenn nicht überhaupt ein reiner Frachtvertrag, so doch diesem so ähnlich, daß man wegen des nahezu gleichen Risikos unbedenklich den Lohn als Fracht würde versichern können.)

Zusatz: In diesem Zusammenhange muß noch kurz auf eine besondere Erscheinung des Frachtverkehrs hingewiesen werden, nämlich auf den Frachtvorschuß.

Allgemein ist zu sagen, daß regelmäßig im Verkehr zwei Arten der Frachtzahlung vorkommen: Entweder die Fracht ist zahlbar nach (glücklicher) Ankunft der Güter, oder der Befrachter zahlt einen Vorschuß (auch „Darlehen“ genannt). Wenn über diesen Vorschuß nichts besonderes vereinbart ist, gilt er als unbedingt („endgültig“) bezahlt. Kommen die Güter also nicht an, so ist der Vorschuß für den Befrachter „verloren“, andererseits braucht er aber auch nicht mehr die übrige Fracht zu zahlen. Die Frachtsumme ist also in einen bedingten und einen unbedingten Teil geschieden.

Wenn nun die Vermutung dafür spricht, daß der Vorschuß unbedingt ist, so kann diese Eigenschaft doch durch die übrige Ausgestaltung des Frachtvertrages im einzelnen Falle zweifelhaft werden. Ein sicheres Kennzeichen für die Unbedingtheit des Frachtvorschußes ist jedoch gegeben, wenn vereinbart ist, der Befrachter habe den Vorschuß für Rechnung des Verfrachters zu versichern (S. unten § 3 II).

Aus dieser Verpflichtung, den Vorschuß zu versichern, lassen sich andererseits wieder Schlüsse auf die Rechtsnatur des Vorschusses ziehen. Es wurde oben erwähnt, daß der Vorschuß zuweilen als „Darlehen" bezeichnet wird, bezw. früher allgemein bezeichnet wurde. (Tecklenborg 44f.: der Frachtvorschuß könne „vom Darleiher versichert werden".) Gegen diese Rechtsauffassung wendet sich Pappenheim III 545f. mit überzeugenden Gründen, indem er ausführt, der Vorschuß werde nicht zwecks Begründung einer Schuld des Verfrachters, wie es bei einem wirklichen Darlehen ist, sondern im Hinblick auf eine Schuld (d. i. die Frachtschuld) des Befrachters bezahlt. Wenn es hiernach aber vielleicht immer noch zweifelhaft sein kann, ob nicht doch ein Darlehen vorliegt (das dann später auf die Fracht verrechnet wird), so muß man jedenfalls auf das Gegenteil schließen, wenn die Summe unter Versicherung gebracht wird, „da die Gewährung eines der Seegefahr unterworfenen Darlehens zum mindesten ungewöhnlich ist".

§ 3.

Verfrachter und Befrachter als Träger des Frachtinteresses.

I. Der Verfrachter ist diejenige Person, die laut Frachtvertrag die Fracht zu beanspruchen hat. Ihn trifft also auch die Gefahr des Frachtverlustes; er ist demnach der Träger des Frachtinteresses und tritt naturgemäß dem Versicherer gegenüber als Versicherungsnehmer auf.

Unter dem Namen „Verfrachter" können Personen auftreten, die zu dem Schiff in ganz verschiedenen Beziehungen stehen können.

Das natürliche, und, historisch betrachtet, das erste ist, daß der Rheder als Verfrachter auftritt; denn eben „zum Erwerbe durch die Seefahrt" hat er sein Schiff und die normale Form des Erwerbes ist die Unternehmung von Frachtreisen.

Sodann kommen der Mieter und Ausrüster oder Charterer eines Schiffes als Verfrachter in Frage, sofern sie, was doch der Sinn ihres mit dem Rheder geschlossenen Miet- oder Chartervertrages war, das Schiff nun ihrerseits zu Frachtunternehmungen verwenden (Sieveking 10).

Allgemein gesagt: Sowohl Ober- wie Unterverfrachter können Versicherungsnehmer einer Frachtversicherung sein.

Jedoch sind dies nicht die einzigen Personen, die ein durch die Fracht vermitteltes Interesse haben. Auch der Befrachter hat ein solches Interesse und zwar nicht nur für den Fall, daß er selbst wiederum als Unterverfrachter auftritt.

Der Befrachter kann seine Fracht bedingt bezahlt haben. Die Güter kommen auch an, aber in beschädigtem Zustande. Dann bleibt der Anspruch des Verfrachters auf die Fracht bestehen. Der Befrachter jedoch, der die Güter verkauft, erzielt nur einen Erlös, der vielleicht nicht einmal den Einkaufswert, geschweige denn die außerdem verausgabte Fracht deckt. Er hat also die Fracht umsonst ausgegeben, verloren. Wohl kann er gegen solche Gefahr Versicherung nehmen. Hier handelt es sich aber nicht um ein Frachtinteresse im technischen Sinne, sondern um eine Versicherung, die sich nur auf die Güter bezieht (Ritter 118). Durch die verausgabte Fracht ist der Wert der Güter (d. h. der kaufmännische, nicht der „innere") um den Betrag der Fracht erhöht. Dies würde sich z. B. darin äußern: Wenn der Eigentümer die bereits versicherten, aber noch nicht auf See befindlichen Güter verkaufen würde, so würde in den Preis die für die Güter aufgewandte Fracht eingerechnet werden. Vom Befrachter aus gesehen, ist also Interesse an der Fracht, d. h. daran, daß die Fracht nicht umsonst ausgegeben wird, ein reines Güterinteresse; es sei denn, daß er nicht aus den Gütern, sondern aus Unter- (Konnossements-) Fracht Gewinn erwartet. Im letzten Fall würde dann tatsächlich eine Frachtversicherung besonderer Art vorliegen (Sieveking 11), d. h. eine Versicherung mit wirklichen Frachtrisiken, wenn auch die

Dinge erheblich anders liegen, als bei einer gewöhnlichen Frachtversicherung. Denn während das Risiko in der versicherten Fracht selbst begründet liegt, und außerdem in der erhaltenen Fracht, so wird hier die bezahlte Fracht versichert, und das Risiko liegt in dem Schicksal der (seinerseits noch zu erhaltenen) Kannossementsfrachten. Außerdem: Das eine Mal versichert sich der (Fracht-) Gläubiger, das andere Mal der (Fracht-) Schuldner.

Möglich ist auch der Fall, daß der Befrachter zwar im Falle unglücklichen Ausganges der Frachtreise seine (im voraus bezahlte) Fracht zurückverlangt, sie aber nicht bekommt, weil der Verfrachter infolge des Verlustes von Schiff und Fracht zahlungsunfähig geworden ist. (Nicht etwa, daß der Verfrachter hierfür nur mit Schiff und Fracht haftet. An sich haftet er natürlich mit seinem ganzen Vermögen.) Hier liegt gleichfalls keine Frachtversicherung vor, vielmehr eine ausgesprochene Kreditversicherung, Versicherung einer Forderung gegen Entwertung, nicht gegen ihren juristischen Untergang (Ritter 118; Sieveking 11).

II. Im Fall der unbedingten Fracht entfällt für den Verfrachter die typische, aus dem normalen Inhalt des Frachtvertrages sich für ihn ergebende Gefahr. Die Gefahr des Frachtverlustes ist damit auf den Befrachter übergegangen, und dessen Sache ist es jetzt, sich hiergegen zu versichern. Und wiederum ist dies keine Frachtversicherung (scheinbar a. A. Sieveking 10), sondern Güterversicherung, nämlich Versicherung dagegen, daß er die unbedingt gezahlte Fracht umsonst ausgegeben hat; und zwar ist das der Fall, wenn die Waren garnicht, oder so beschädigt ankommen, daß ihr Verkaufserlös die Fracht nicht deckt. (Ritter 119, wo weitere Nachweise.) Insoweit ist die Wirkung dieser Versicherung dieselbe wie die der bedingten Fracht durch den Befrachter; nur daß eben bei der Versicherung unbedingter Fracht durch den Befrachter noch ein Risiko mitgedeckt ist, das bei der bedingten Fracht nicht besteht, nämlich daß die Güter überhaupt nicht überkommen; denn für diesen Fall ist ja bei bedingter Fracht der Verfrachter zur Rückzahlung verpflichtet, § 617 HGB.

Es ist oben ausgeführt worden, daß die unbedingte Fracht für den Verfrachter nicht außerhalb allen Risikos steht. Sie kann ihm auf Grund gewisser Haftpflichten wieder verloren gehen. Er kann also auch hinsichtlich der unbedingten Fracht als Versicherungsnehmer auftreten.

Doch nicht nur der Verfrachter: auch der Befrachter kann das Interesse an der unbedingten Fracht unter Versicherung bringen. Und zwar ist dies der einzige Fall, wo für den Befrachter auch tatsächlich und rechtlich ein richtiges Frachtinteresse besteht. Das kommt auf folgende Weise zustande:

Der Befrachter kann sich dem Verfrachter gegenüber vertraglich verpflichten, ihm die endgültig bezahlte Fracht noch einmal zu bezahlen für den Fall, daß ihm, dem Verfrachter, die Fracht durch Schiffsgläubiger usw. wieder genommen wird. Er geht hierdurch also eine Haftpflicht ein für den Fall der Haftpflicht eines Dritten. Die Haftpflicht, die durch die Fracht vermittelt wird, welche er selbst bezahlt hat, und die nun dem Dritten zusteht, der an sich auch das Risiko an ihr trägt: diese seine Haftpflicht kann der Befrachter versichern.

Die so versicherte Fracht wird als „subject to insurance" gezahlte Fracht bezeichnet, da die Verpflichtung des Befrachters zur nochmaligen Zahlung zumeist durch die Vereinbarung zum Ausdruck kommt, daß der Befrachter die Fracht zu versichern habe (Pappenheim III 546[5]). Diese Vereinbarung bildet übrigens zugleich ein Kennzeichen dafür, daß unbedingte Fracht vorliegt (Sieveking 11); denn bei bedingter Fracht hätte solche Versicherung keinen Sinn. Wenn die Fracht „subject to insurance" vereinbart ist, haftet der Befrachter für das Risiko der unbedingten Fracht auch dann, wenn er es tatsächlich garnicht unter Versicherung gebracht hat (Sieveking 11). Demnach ist die Frage, ob es sich bei der Versicherung unbedingter Fracht durch den Befrachter um Eigen- oder Fremdversicherung handelt, einfach genug zu beantworten: Der Befrachter versichert sein eigenes

Interesse, indem er sich gegen die Gefahr deckt, für den Fall seiner laut Vertrag übernommenen Haftpflicht gegenüber dem Verfrachter die Fracht noch einmal zahlen zu müssen. Die Praxis geht in diesem Punkt sogar noch einen Schritt weiter und läßt den Befrachter für die unbedingte Fracht haften, auch wenn garnicht vereinbart ist, daß er die Fracht versichern solle (Sieveking 11). — Es handelt sich hier im übrigen um eine besonders interessante und seltene Form der Haftpflichtversicherung, insofern nämlich, als die Haftpflicht des Versicherungsnehmers begrenzt ist (auf die Fracht) und somit ein Versicherungswert festgesetzt werden kann (und muß), während im allgemeinen die Vermögenssumme, bis zu der jemand haftpflichtig werden kann, unbegrenzt ist und daher auch kein Versicherungswert genannt werden kann (Ehrenberg, Z. 1923, 261). Darum kommen bei der vorliegenden besonderen Haftpflichtversicherung auch Über- und Unterversicherung und dergl. vor, kurz alles, was bei gewöhnlicher Haftpflichtversicherung wegen Fehlens eines Versicherungswertes nicht vorkommen kann.

Man sieht aus obiger Zusammenstellung: Hat der Befrachter unbedingte Fracht versichert, so muß stets unterschieden werden, ob es sich um unbedingt bezahlte oder unbedingt erhaltene Fracht handelt. Die unbedingt bezahlte Fracht geht nur den Befrachter allein an und ist ein reines Güterinteresse (es sei denn, daß er nicht aus Gütern, sondern aus Unterfrachten Deckung erwartet). Diese Versicherung kommt übrigens allein nicht gerade oft vor, da für gewöhnlich die unbedingte Fracht in den Versicherungswert der Güter eingerechnet und so mit diesen zusammen versichert wird. — Die unbedingt erhaltene Fracht jedoch geht auch sehr den Verfrachter an und ist, wie oben dargelegt, ein richtiges Fracht- und zugleich Haftpflichtinteresse.

Der Gegenstand ist natürlich beide Male derselbe. Er ist nur einmal vom Standpunkt des Befrachters, der ihn hingegeben, und einmal von dem des Verfrachters, der ihn empfangen hat, betrachtet.

Zusatz: Schließlich sind noch andere Interessenten als Träger des Frachtinteresses denkbar, z. B. der Pfandgläubiger einer verpfändeten Fracht (wobei Tecklenborg 130 „nicht ohne Bedenken“ ist), der Provisionsgläubiger u. a. In allen derartigen Fällen liegt eine „reine Frachtversicherung“ vor, d. h. eine Versicherung, deren Risiko lediglich von dem Schicksal der Fracht abhängig ist. BSVB. § 62 Abs. 8 bestimmt (was wohl selbstverständlich ist), es bedürfe „einer besonderen Aufgabe, wenn nicht Rheder, sondern andere Beteiligte (also wohl nicht nur Befrachter) die Fracht eines Schiffes versichern lassen“. Dies würde also besonders für den Pfandgläubiger zutreffen. Allerdings versichert dieser ja nicht „die Fracht“, sondern sein Pfandrecht daran; aber auch der Eigentümer der Fracht, der aus dem Frachtvertrag Berechtigte, versichert eben nicht „die Fracht“, ja nicht einmal „das Interesse an der Fracht“, sondern das Interesse an dem Frachtanspruch, bezw. das Interesse an dem Eigentum an der Fracht.

§ 4.
Beginn und Ende der Frachtversicherung.

Es wurde schon oben in § 2c gesagt, daß das Schicksal der Fracht sowohl vom Schicksal des Schiffes als dem der Güter abhängt. Dies muß uns wieder bewußt werden, wenn wir die Frage nach dem Beginn und Ende der Frachtversicherung stellen. Da es bei der Frachtversicherung sich immer um zwei Gefahrengruppen handelt (eine das Schiff und eine die Güter betreffende), so leuchtet ein, daß die Frage nicht einheitlich beantwortet werden kann, sondern daß man sie trennen muß in die die Fracht betreffenden Kasko- und Gütergefahren.

Darum wird z. B. in § 106 ADS. bestimmt, daß hinsichtlich der die Fracht bedrohenden Kaskogefahren die die Dauer der Kaskoversicherung betreffenden Vorschriften zur Anwendung kommen sollen, d. i. § 66, wo in Abs. 1 Satz 1 der

Beginn der Versicherung auf den Zeitpunkt der Ladungs- bzw. Ballasteinnahme oder, in Ermangelung derer, der Abfahrt festgelegt wird. (So auch § 823 Abs. 1 Satz 1 HBG.). Die Versicherung endigt nach § 66 Abs. 1 Satz 2 ADS. mit der Beendigung der Löschung bzw. dem Fallenlassen des Ankers. (So auch § 823 Abs. 1 Satz 2 HGB., wo indessen der zweite Fall nicht aufgeführt ist). (Vgl. Ritter 1227). — § 67, der von der Verlängerung der Versicherung im Falle der Ausbesserung des Schiffes handelt, kommt für die Frachtversicherung nicht in Frage, da, wenn das Schiff im Bestimmungshafen ausgebessert wird, die Güter vorher gelöscht sein werden, sodaß die Frachtgefahren in Fortfall kommen. Die Frachtversicherung kann also nicht gemäß § 67 Abs. 1 Satz 2 ADS. verlängert werden, da durch die Löschung der Güter das Interesse bereits weggefallen ist. Somit würde naturgemäß auch nicht für den Frachtversicherten eine Pflicht zur Ausdehnung der Prämienzahlung bis zur Fertigstellung der Ausbesserung bestehen (S. Ritter 831, 1228 f.).

Hinsichtlich der der Fracht drohenden Gütergefahren verbot sich in den ADS. ein bloßer Hinweis auf die Vorschrift über die Dauer der Güterversicherung. Diese beginnt laut § 88 Abs. 2 bereits mit der Anlieferung der Güter, evt. an eine Kaianstalt, derer sich der Verfrachter bedient. Hier bestehen aber noch keine typischen Frachtgefahren. Diese beginnen erst, sobald die Güter an Bord sind. Von diesem Augenblick an wird demnach der Beginn der Frachtversicherung hinsichtlich der Gütergefahren gerechnet — in den ADS. (und auch in den BSVB.); Frachtversicherungen nach HGB. beginnen hinsichtlich der Gütergefahren jedoch bereits in dem Augenblick, wo die Güter vom Lande scheiden, und zwar auch dann, wenn sie nicht gleich in das Schiff, sondern erst in Leichter kommen (§ 825 Abs. 1, 824 Abs. 1 [und 3] HGB.). — Das Ende der Frachtversicherung, soweit sie durch das Schicksal der Güter berührt wird, fällt mit dem Ende der Güterversicherung zusammen, d. i. für Versicherungen nach HGB. der Augenblick, in dem sie wieder an das Land gelangen, sei es auch wieder mittels Leichter (§§ 825 Abs. 1, 824 Abs. 1 und 3 HGB.). Ähnlich bestimmen §§ 5, 3 BSVB., jedoch mit der Maßgabe, daß, wenn das Schiff bereits am Löschplatz angekommen war, ohne daß die Güter gleich gelöscht werden, die Versicherung mit dem Ende des einundzwanzigsten auf den Tag der Ankunft folgenden Tages erloschen ist. Anders nach ADS.: § 106 verweist auf das Ende der Güterversicherung, das nach § 88 Abs. 3 mit dem Zeitpunkt der Ablieferung an den Empfänger am Ablieferungsort zusammenfällt, bzw. im Falle von Ablieferungshindernissen mit dem Zeitpunkt rechtmäßiger Hinterlegung oder rechtmäßigen Verkaufs, spätestens aber mit dem Ablauf des zehnten auf den Löschungstag folgenden Tages. Leichtergefahr ist wieder eingeschlossen, § 89. Diese „Ablieferung an den Empfänger" fällt aber meistens nicht (und jedenfalls nicht notwendig) mit dem Zeitpunkt zusammen, wo „die Güter im Bestimmungshafen wieder an das Land gelangen". (Hierzu Ritter 1050 ff.).

§ 5.
Versicherungswert der Fracht.

I. Bevor über den Versicherungswert der Fracht gehandelt wird, dürfte es zweckmäßig sein, zunächst sich Klarheit darüber zu verschaffen, welches die Bestandteile der Fracht sind, aus welchen (rechnerischen) Einzelposten sich der Gesamtposten Fracht zusammensetzt. Die Erkenntnis dieser Einzelposten kann wichtig werden, wenn gelegentlich einer oder mehrere dieser einzelnen Bestandteile allein, für sich versichert sind, sodaß, wenn auch noch Fracht als solche versichert wird, eine (teilweise) Doppelversicherung gegeben sein könnte.

Die beiden Hauptbestandteile der Fracht bilden die Nettofracht und die Differenz zwischen Brutto- und Nettofracht, m. a. W. der Unternehmergewinn und die baren Auslagen des Verfrachters.

a) Bare Auslagen sind namentlich die Ausrüstungskosten,

Heuer, Versicherungskosten, Abnutzungsausgleich, Kosten am Bestimmungsort usw. (Ritter 1231).

Die ersten drei Posten können auch in der Kaskoversicherungssumme enthalten sein (selbstverständlich auch für sich versichert werden); vermutet wird jedoch, daß sie in der Bruttofracht enthalten (und versichert) sind, HGB. § 796, vgl. auch BSVB. § 62 Abs. 1.

b) Da die Berechnung dieser baren Auslagen und Unkosten im Einzelfall eine Quelle unerfreulicher Streitigkeiten geben würde, werden sie ein für alle Mal mit einem Drittel des Bruttofrachtbetrages angesetzt oder, umgekehrt, die Nettofracht, der Unternehmergewinn, mit zwei Dritteln der Bruttofracht; § 107 Abs. 2 ADS.; § 62 Abs. 6 BSVB. (Eine — nicht sehr wichtige — Ausnahme bei Sieveking 44 f.; Kritik bei Ritter 1232). Die Nettofracht kann als solche versichert werden. Das ist insofern bedeutsam, als damit zum Ausdruck gebracht wird, daß die Nettofracht ein selbständiges Interesse darstellt (das Interesse des Verfrachters an dem ungeschmälerten Reinverdienst). Ihre Versicherung ist also keine Unterversicherung der Bruttofracht; sie hat ihren eigenen („hundertprozentigen") Versicherungswert; § 107 Abs. 2 ADS.

II. Wenn nichts besonderes vereinbart ist, gilt jedoch die Bruttofracht als versichert, und zwar in voller Höhe; § 107 Abs. 1 ADS., § 60 Abs. 4 und 5 BSVB., § 798 Abs. 2 HGB. Hierin kommt die alte, ursprüngliche Vorstellung von der Versicherung zum Ausdruck: „Der Versicherte muß sich so stellen können, als sei die Unternehmung geglückt" (Tecklenborg 42, Sieveking 44). Als Versicherungswert gilt, was an sich selbstverständlich scheint, „der Betrag der im Frachtvertrag bedungenen Fracht" bzw. der üblichen Fracht; § 107 Abs. 1 ADS., § 60 Abs. 2 BSVB., § 797 Abs. 2 HGB. Ganz so selbstverständlich erscheint es aber nicht mehr, und jedenfalls dient es zur Unterscheidung, wenn man einen Vergleich mit der Kreditversicherung versucht. Hier ist nicht der Betrag, sondern „der Wert der Forderung oder, wie bei der Kreditverkehrs-Versicherung, der Kostenwert der Forderung, oder, wie bei der Kreditversicherung gegen Sachgefahren, der Forderungsbetrag unter Beschränkung auf den Wert des Deckungsgegenstandes“ als Versicherungswert maßgebend (Ritter 1230). Von diesem Betrage wäre natürlich ein etwa unbedingt bezahlter Vorschuß, da dieser nicht im Risiko steht, abzuziehen (Sieveking 44). — Von den Versicherungskosten wurde oben gesagt, sie seien ein Teil der baren Auslagen, also der Bruttofracht. Ob sie aber versicherbar sind, ist nicht ohne weiteres klar. Tecklenborg 54 bejaht die Frage, ebenso zweifellos HGB. § 796. Dagegen wendet sich Ritter 1230 mit dem durchaus einleuchtenden Grunde, daß die Versicherungskosten garnicht im Risiko stehen. Sie sind „endgültig ausgegeben“, denn sie sind in Erfüllung einer unbedingten Vertragspflicht bezahlt. Da also gar kein Interesse besteht, sind sie auch nicht versicherbar. (Dies gilt — bei Ritter — allerdings nur für die Frachtversicherungskosten; anders bei Kasko- und Güterversicherung; Ritter 78). Unverständlich ist aber, wie Ritter einen Unterschied zwischen Brutto- und Nettofracht macht und im letzten Fall meint, es sei „noch Raum für die Versicherung des Unterschiedes zwischen Bruttofracht und Nettofracht und damit auch der Versicherungskosten“. Es kommt doch nicht darauf an, ob noch „Raum“ dafür da ist, sondern ob ein versicherbares Interesse besteht; und das besteht bei den Versicherungskosten der Nettofracht ebensowenig, wie bei denen der Bruttofracht.

III. In der Kasko- und Güterversicherung pflegen die Parteien des Versicherungsvertrages aus Gründen der Einfachheit die Gegenstände der versicherten Interessen zu taxieren. Die Taxe tritt dann an die Stelle des wirklichen, aber meistens mühsam festzustellenden Versicherungswertes. Da nun die Feststellung des Versicherungswertes in der Frachtversicherung überaus einfach ist (da der Versicherungswert eben gleich der Frachtsumme ist), so sollte man annehmen, daß in der Frachtversicherung eine Taxe überflüssig sei und garnicht vorkomme. Sie kommt aber vor und zwar in dem besonderen Sinn, daß sie als Versicherungssumme gilt, als die Summe also, bis zu der der Versicherer höchstens haftet, mag der wahre Versicherungswert auch höher sein; § 107 Abs. 3 ADS.

§ 6.

Die Versicherung der bedingten Fracht.

I. a) Prüfen wir die Voraussetzungen, die zur Entstehung des Frachtinteresses erforderlich sind, so erkennen wir, daß in erster Linie ein Frachtvertrag vorhanden sein muß. Denn ohne diesen besteht keine Frachtforderung, also auch kein versicherbares Interesse. Dies scheint sehr natürlich und fast banal, muß aber gesagt werden, nicht nur der Vollständigkeit halber, sondern auch, weil es hiervon eine Ausnahme gibt, die als solche jedenfalls klarer erkannt wird, wenn man den obigen Satz einmal aufgestellt hat. Es ist nun zwar (in jenem Ausnahmefall) nicht so, daß ein wirkliches Frachtinteresse bestünde, ohne daß ein Frachtvertrag vorliegt. Dies wird vielmehr fingiert. Es handelt sich darum, daß Güter des Rheders transportiert werden, wobei also Befrachter und Verfrachter eine Person sind, die mit sich selbst natürlich keinen Frachtvertrag schließen kann. Näheres ist unten in § 8 zu sagen.

In diesem Zusammenhang muß ferner die Frage der Versicherbarkeit „des erwarteten Gewinns künftiger kontraktlich nicht bereits gesicherter Frachtreisen" berührt werden. (Vgl. Bruck 357, RG. 71, 397). Der „Gewinn" besteht eben in der von künftigen Reisen erhofften Fracht, und es fragt sich, ob der Verfrachter diese versichern könne, auch wenn noch keine Frachtverträge geschlossen sind. Man kann nicht ohne weiteres sagen, daß, weil noch keine Verträge vorhanden sind, vorläufig für den Verfrachter jedes Interesse fehle. Das Bedenkliche ist aber, daß die zahlenmäßige Berechnung dieses Interesses sehr schwierig, ja, man kann ruhig sagen: unmöglich ist. Wieviel „künftige Frachtreisen" soll man zugrunde legen? Zehn, hundert? Wer will die Frachtratenkurve voraussagen? Man muß also die Versicherbarkeit dieses Risikos (sei es nun als Fracht oder als „Schiffsmehrwert") verneinen; denn „andernfalls würde sich das Risiko des Versicherers auf ein Vielfaches der jeweilig vom Schiffe zu verdienenden Fracht erstrecken und damit jede sichere Grundlage für die Schätzung der Gefahr und die Berechnung der Prämie wegfallen". (RG. 71, 397). Sie würde zudem dem § 778 HGB. (§ 1 Abs. 1 ADS.) zuwiderlaufen, da das Interesse nicht „in Geld schätzbar" ist. Diese eben wiedergegebene Auffassung kann auch nicht als „verkehrsfeindlich" bezeichnet werden. Der Rheder ist bereits durch die Kaskoversicherung insofern gedeckt, als ihm bei Verlust seines Schiffes (und damit der „erwarteten Gewinne künftiger Frachtreisen") die Kaskoversicherungssumme die Möglichkeit gibt, ein neues Schiff zu erwerben und damit neue Frachtreisen zu unternehmen.

b) Die weitere Voraussetzung für das Vorhandensein des Frachtinteresses ist die Gefahr des Frachtverlustes, des Untergangs der Frachtforderung, bzw. des Rechtes an dem Surrogat: der erhaltenen Fracht.

Hierzu muß noch bemerkt werden: Der Untergang der Frachtforderung erfolgt auch durch Bezahlung, durch Erlaß, Erfüllungssurrogate u. dgl. Für die Frachtversicherung kommen naturgemäß nur solche Fälle in Frage, bei denen der Untergang der Frachtforderung einen wirtschaftlichen Verlust bedeutet. (Ritter 1213; vgl. auch Sieveking 181: „Gibt der Versicherte den Frachtanspruch auf, ohne rechtlich dazu genötigt zu sein, so hat der Versicherer für den Verlust nicht aufzukommen"). Man könnte in diesen Fällen auch von einer Art „Herbeiführung des Versicherungsfalls" sprechen; nur trifft dieser Ausdruck nicht ganz, da obige Beispielfälle schon deswegen aus dem Rahmen der Frachtversicherung fallen, weil keine See-, oder allgemeiner: Transportgefahren gegeben sind.

Für die Frachtversicherung scheidet weiter der Fall aus, wo Fautfracht geschuldet wird (Tecklenborg 44). Der Anspruch auf sie entsteht (und damit ist sie auch unbedingt verdient) zu einer Zeit, wo noch keine Seegefahren gegeben sein können, nämlich vor Antritt der Reise. Da die Fautfracht also „der Seegefahr nicht ausgesetzt ist, kann sie nicht Gegenstand der Seeversicherung sein" (Pappenheim III 613).

Ebenso liegen die Dinge im Falle geschuldeter Distanzfracht. Zwar geht hier die Frachtforderung in Höhe der Differenz zwischen ganzer und Distanzfracht „unter"; dafür hat aber der Verfrachter auch die Kosten der nicht weiter fortgesetzten Reise erspart; seine Leistung ist der Distanzfracht angemessen: Die Differenz bedeutet für ihn keinen wirtschaftlichen Verlust; ihr Ersatz würde vielmehr eine Bereicherung für den Verfrachter sein (A. A. offenbar Ritter 1214; siehe unten unter II; vgl. hierzu auch Pappenheim III 593).

Hierher gehört auch der Fall des § 476 HGB., wo von der Veräußerung eines Schiffes während der Reise gehandelt wird. Der Erwerber erhält im Zweifel den Gewinn der laufenden Reise, wozu auch die Fracht gehört. Der Erwerber wird Zessionar der Frachtforderung; für den Erstverfrachter, den Veräußerer, „geht sie unter". Er bekommt aber für die Veräußerung des Schiffes (und damit der Fracht) Entgelt, die Fracht ist also wiederum, wirtschaftlich gesehen, nicht verloren.

Schließlich ist es auch kein Versicherungsfall für die Frachtversicherung, wenn die Fracht verbraucht wird durch Ausgaben gemäß § 621 Abs. 2 HGB. (Lotsengeld, Hafen-, Quarantäne-, Leuchtfeuergeld usw.). Die Frachtforderung ist hier nicht untergegangen, übrigens auch nicht entwertet, so daß auch kein Kreditversicherungsfall gegeben ist. Sie ist eben aufgebraucht. Diese Art Kosten werden übrigens von vornherein in die (Brutto-) Fracht einkalkuliert.

II. Es wurde schon mehrfach betont, daß die Gefahren, die zum Verlust der Fracht führen können, d. h. zu der Tatsache, daß die Güter nicht ankommen, von zweierlei Art sind; entweder sie kommen von seiten der Güter selber (diese gehen verloren, werden beschlagnahmt usw.) oder von seiten des Kaskos, natürlich sofern sich die Güter z. Zt. des Unfalls auf dem Schiff befinden (Totalverlust, Verschollenheit, Festhaltung usw.).

Es liegt daher nahe, den allgemeinen Satz aufzustellen: Für die Haftung des Frachtversicherers gelten dieselben Regeln wie für die Haftung des Kasko- und Güterversicherers. Der einzige Ort, wo die Formulierung eines die allgemeine Haftung des Frachtversicherers begrenzenden Satzes versucht ist, sind die ADS. Und diese haben im § 105 Abs. 1 im wesentlichen den oben bezeichneten Weg eingeschlagen. Die Stelle heißt:

> „Im Falle einer Frachtversicherung finden auf den Umfang der Haftung des Versicherers die für die Kaskoversicherung geltenden Bestimmungen des ersten Titels sowie die Bestimmungen des § 85 Abs. 1 und des § 86 über die Haftung des Versicherers im Falle einer Deckladung und eines durch die natürliche Beschaffenheit der Güter oder ähnliche Umstände entstandenen Schadens entsprechende Anwendung, soweit nicht in diesem Titel ein anderes bestimmt ist".

Wollen wir diese Vorschrift analysieren, so müssen wir uns zunächst über die Bedeutung des Ausdrucks „Umfang der Haftung" klar werden.

Das Wort Umfang kann an sich ziemlich verschiedenartige Bedeutungen haben, und leider wird man durch die Überschrift („Umfang der Haftung des Frachtversicherers") des § 105 schon leicht auf eine falsche Fährte gebracht. Liest man nämlich den Paragraphen weiter, so trifft man auf Bestimmungen, die sich mit dem Beginn der Versicherung befassen, so Abs. 2, der den Beginn von dem Abschluß des Frachtvertrages abhängig macht, Abs. 4, der die Zeit der Zureise ausnimmt, Abs. 5, der von der Verzögerung des Reiseantritts und -endes handelt.

Hieraus ließe sich der Schluß ziehen, daß mit Umfang der zeitliche Umfang der Haftung gemeint ist. Das ist aber bestimmt nicht so, wie schon die Erwähnung der §§ 85, 86 zeigt.

Die Erklärung des Wortes „Umfang" ist nicht ganz einfach. Zunächst gilt es, einen Gegensatz zu diesen Vorschriften über den Umfang der Haftung zu finden, den es doch offenbar geben muß; denn andernfalls hätte § 105 ja schlechthin von den Vorschriften über die Kaskoversicherung sprechen können.

Lassen wir die Vorschriften über die Kaskoversicherung einmal an uns vorüberziehen, so können wir im Großen zwei Gruppen unterscheiden: Einmal solche, die die einzelnen Schäden zum Gegenstand haben, als da sind: Totalverlust Verschollenheit, Verfügung von hoher Hand, Teilschaden u. dgl.; und dann solche, die gewissermaßen allgemeine Rahmen geben, innerhalb derer die einzelnen Schäden eintreten können. Dies geschieht allerdings zumeist in negativer Form, z. B.: Der Versicherer haftet nicht für Schäden, die aus der Seeuntüchtigkeit des Schiffes entstanden sind, aus Abnutzung, Alter, Gefährlichkeit der Güter usw.

Hier kann man von Vorschriften sprechen, die sich mit dem Umfang der Haftung des Versicherers befassen; es scheint allerdings, als sei der Umfang rein negativ festgelegt oder gar festlegbar. Und tatsächlich würden wir in den Kaskoversicherungsvorschriften vergeblich nach einer allgemeinen positiven Bestimmung über den Umfang der Haftung suchen.

Es gibt aber eine im Allgemeinen Teil der ADS.: Die berühmte „Generalklausel“ des § 28 (Überschrift: Umfang der Haftung im allgemeinen): Der Versicherer trägt grundsätzlich alle Gefahren. Sofort aber kommt dagegen die „zweite Generalklausel“ (wenn man so sagen will), nämlich: „soweit nicht ein anderes bestimmt ist“. Und anderes ist sogar recht viel bestimmt. Hierher gehören eben alle die Vorschriften, die anfangen: Der Versicherer haftet nicht, wenn . . .

Dieses sind also die Vorschriften, die den Umfang der der Haftung des Versicherers betreffen, und diese sollen also (soweit sie die Kaskoversicherung angehen) auf die Frachtversicherung Anwendung finden. — Die übrigen, die sich mit der Art des Schadens befassen, setzen voraus, daß der Schaden innerhalb des Umfanges der Haftung liegt, setzen, wie Ritter sagt, die Haftung des Versicherers ihrem Grunde nach voraus.

Wie es nun aber überhaupt mit der Anwendbarkeit des

§ 28 ADS. auf die Frachtversicherung steht, scheint zum mindesten nicht ganz sicher. Die „Universalität der Gefahren" ist nicht so universell, wie es zunächst den Anschein hat. Gemeint sind hiermit nur sämtliche unmittelbare Schäden verursachenden Seegefahren, denen Schiff und Ladung ausgesetzt sind. Unter Schäden werden im allgemeinen nur Sach-, Substanzschäden begriffen. Darum werden Schäden, die ersatzfähig sein sollen, und die nicht unmittelbare Substanzschäden sind, besonders aufgeführt, z. B. Havariegroße-Beiträge, Schadensabwendungs- und -minderungsaufwendungen, indirekte Kollisionsschäden, Umladungs-, Lagerungs- und Weiterbeförderungskosten im Falle des § 95 ADS.

Wie steht es aber mit der Frachtgefahr, mit dem Frachtverlust? Er ist selber ein mittelbarer Schaden. Der unmittelbare Schaden, der aber an sich nur den Güter- bezw. Kaskoversicherten angeht, besteht darin, daß die Güter, bezw. Schiff und Güter verloren gehen. Durch den Frachtvertrag mit seiner charakteristischen Ausgestaltung wird jedoch auch mittelbar die Fracht in Mitleidenschaft gezogen. Also eine (an sich „willkürliche") Vereinbarung „vermittelt" das Interesse an den unmittelbaren Schäden ausgesetzten Gütern und an dem Schiff. — Von hier aus kann (oder muß) man noch einen Schritt weiter gehen und sagen: Es gibt nur zwei Seeversicherungen gegen unmittelbare Schäden: Kasko- und Güterversicherung. Alle andern, nicht nur die Frachtversicherung, auch die Gewinn-, Provisions-, Schiffsmieteversicherung usw. sind ausnahmslos Versicherungen gegen mittelbare Schäden. Insofern steht auch z. B. die Versicherung mittelbaren Kollisionsschadens, die unter den Vorschriften über Kaskoversicherung steht, ihrer Struktur nach in einer Reihe mit den zuletzt genannten Versicherungen.

Wenn nun aber der „Umfang der Haftung" sich auf dem Universalitätsprinzip der unmittelbaren Schäden aufbaut, wie können dann auf die Frachtversicherung die Vorschriften über den Umfang der Haftung des Kaskoversicherers und teilweise des Güterversicherers Anwendung finden, da die Frachtversicherung selbst eine Versicherung gegen mittelbare Schäden ist?

Dem wird entgegnet werden, daß es sich ja nur um „entsprechende Anwendung" handle. Allerdings; aber damit ist wenig geholfen; denn nun bleibt nichts anderes übrig, als jede einzelne auf den Umfang der Haftung des Kaskoversicherers bezügliche Vorschrift auf ihre Fähigkeit hin zu untersuchen, sich auf eine Versicherung gegen mittelbare Schäden wie es die Frachtversicherung ist, „entsprechend anwenden" zu lassen, was auch unten unter III durchgeführt werden soll.

Zunächst ist noch über die Anwendbarkeit der Güterversicherungsvorschriften zu handeln. § 105 Abs. 1 erwähnt nur die §§ 85 Abs. 1, 86. Wie steht es mit den übrigen?

Verwirrung bringt in dies alles noch der Gedanke daran, daß in § 99 ganz allgemein gesagt ist, daß auf andere Versicherungen, die sich auf die Güter beziehen — und dazu gehört die Frachtversicherung — die Vorschriften des Güterversicherungstitels entsprechende Anwendung finden. Die Hauptfrage hinsichtlich der Anwendbarkeit der Güterversicherungsvorschriften auf die Frachtversicherung ist also die: Ist § 105 gegenüber § 99 eine lex specialis oder nicht? D. h. finden von den Vorschriften über den Umfang der Haftung des Güterversicherers nur die §§ 85 Abs. 1, 86 Anwendung?

Bei der Untersuchung dieser Frage führt Ritter (1211 ff.) den (in diesem Zusammenhange) neuen Begriff „Ersatzfähigkeit des Schadens" ein. Das sich hieraus ergebende Bild ist folgendes: Ist ein Schaden ersatzfähig, so heißt das, er liegt innerhalb des durch den Umfang der Haftung des Versicherers gezogenen Rahmens (so von der Seite aus betrachtet). Von der Seite des Versicherungsnehmers aus gesehen, heißt das: Er liegt innerhalb des (aus dem Umfang der Haftung sich für ihn ergebenden) Umfanges der Entschädigungsforderung; oder wie Ritter (offenbar im gleichen Sinne) sagt: Der Schaden steht im Zusammenhang mit dem Grunde der Haftung oder (vom Versicherungsnehmer aus gesehen) mit dem Grunde der Entschädigungsforderung.

Das Wort „Grund“ ist in diesem Zusammenhang ebenfalls neu und fraglos nicht sehr günstig gewählt. Es hat in der Rechtswissenschaft schon mehr als einmal zu Unklarheiten geführt, so im Strafrecht („Grund der Strafe“), im Prozeßrecht („Klaggrund“). Was es in der Zusammenstellung „Grund der Haftung“ bedeuten soll, dürfte am ehesten klar werden, wenn man es in seiner reinen Wortbedeutung versteht. Das ist aber nicht viel. Es wäre dann dasselbe wie „causa“, das Warum der Haftung. Und die Antwort auf das Warum bildet ein sehr einfaches Weil, nämlich: weil der Versicherungsvertrag besteht und zwar mit seinen besonderen, den Umfang der Haftung festlegenden Bestimmungen. Somit wird man „Grund“ und „Umfang der Haftung“ mit ziemlich gutem Gewissen als Synonyma gebrauchen können.

Nun aber die Bedeutung für unsere Fragen: Wir hatten festgestellt, daß Ersatzfähigkeit des Schadens, Umfang der Haftung und Umfang der Entschädigungsforderung im engen Zusammenhang stehen. (Eine andere Reihe bilden dann die Begriffe: Art und Höhe des Schadens, Art und Höhe der Entschädigung.)

Ritter meint nun, daß die namentliche Erwähnung der §§ 85 Abs. 1, 86 zeige, daß mit den Vorschriften über den Umfang der Haftung nicht die gemeint sind, die sich ausdrücklich mit der Ersatzfähigkeit des Schadens als solcher beschäftigen, sondern vielmehr diejenigen, die die Ereignisse gleichsam vom Standpunkt des Versicherers aus betrachten. Ob mit dieser Einsicht sehr viel gewonnen ist, ist schwer zu sagen.

Der ganze, ziemlich unerquickliche Eindruck, den die übliche rechtliche Behandlung der Frachtversicherung macht, läßt sich vielleicht — wenigstens teilweise — durch folgendes erklären. „Technisch“ werden die Frachtinteressen offenbar zu den „Nebeninteressen“ gezählt. (Z. B.: Wenn die Fracht als Deckung für eine — versicherte — Forderung dient, werden nicht die Frachtversicherungsvorschriften, sondern die Kasko- und Güterversicherungsvorschriften angewandt,

Ritter 993). Es scheint also, als wenn nur Kasko- und Güterinteressen als „Hauptinteressen“ gelten. (Damit soll nicht gesagt sein, daß Haupt- und Nebeninteressen gleichbedeutend seien mit solchen, die unmittelbaren und solchen, die mittelbaren Gefahren ausgesetzt sind.) Ist aber das Frachtinteresse wirklich ein Nebeninteresse? Welches wäre überhaupt der Gesichtspunkt, nach dem man Haupt- und Nebeninteressen scheiden muß?

Man sagt, die Frachtversicherung „beziehe“ sich sowohl auf das Schiff wie auf die Güter. Was nun der Ausdruck „Beziehung“ und „sich beziehen“ bedeutet (und auch, was er alles nicht bedeutet) hat noch niemand sagen können; und es scheint mitunter fast so, als wenn man diesem Begriff deswegen nicht allzu kritisch nähergetreten ist, weil man ahnte, daß sich dann sein nebelhafter Charakter und somit seine relative Unbrauchbarkeit rettungslos herausstellen würde. Man wende nicht ein, es gäbe eben Begriffe, die nicht weiter umschrieben werden könnten, da sie gleichsam Urbegriffe seien. Zu diesen gehört „sich beziehen“ gewiß nicht. Denn „Urbegriffe“ sind eindeutig, anschaulich, sozusagen körperhaft, bildhaft. Das Wort „Beziehung“ oder „sich beziehen“ ist von Allem das Gegenteil. Es bezeichnet ein gewisses Herüber und Hinüber zwischen zwei Dingen, einen Strom, der zwischen beiden verbindend fließt. Bestimmteres läßt sich beim besten Willen nicht zur Erläuterung sagen.

Nun leuchtet ein, daß solcher Begriff nicht gerade die Klarheit fördert, die zu erreichen doch das erste und letzte Ziel sein muß. Fragt man sich nun, was unter einer Versicherung zu verstehen sei, „die sich auf das Schiff und auf die Güter bezieht“, so kann man wohl sagen: Es ist eine Versicherung, deren Schicksal von dem des Kaskos bezw. dem der Güter abhängig ist. Dies mag der lebendigen Vorstellung etwas näher kommen. Aber dies bringt uns noch auf einen anderen Weg. Ist es nicht viel einleuchtender zu sagen: Frachtversicherung ist eine Versicherung, deren

Schicksal von dem der Fracht abhängt, oder, wenn man will: „die sich auf die Fracht bezieht." Die obige In-Beziehung-Setzung der Frachtversicherung mit Kasko und Gütern hat zudem den Nachteil, daß unter diese Beschreibung auch noch andere Interessen fallen, daß sie also keine hinreichend unterscheidende Kraft hat. Der positive Vorteil der eben vorgeschlagenen Bezeichnung liegt aber m. E. darin, daß man hierdurch von dem Begriff Versicherung direkt auf den Begriff Fracht kommt, während man andernfalls überhaupt nicht oder doch auf dem bedenklichen und unsicheren Umwege der Begriffe „Schiff" und „Güter" zu ihm kommt.

Ohne Zweifel ist das Schicksal der Fracht eng, sogar unlösbar mit dem des Schiffes und der Güter verbunden. Es gibt aber einerseits Fälle, wo fraglos ein dem Schiff oder den Gütern zustoßendes Ereignis die Fracht nicht berührt; auf der anderen Seite kann wiederum Fracht verloren gehen, ohne daß es am Schiff oder an den Gütern gelegen hat. In beiden Fällen versagt also die übliche Umschreibung des Begriffes Frachtversicherung.

Kommt man auf dem vorgeschlagenen Weg vielleicht auch nicht allzu weit, so doch jedenfalls weiter, als auf dem anderen. Denn durch jenen wird man geradeswegs in das positive Frachtrecht geführt; im anderen Fall sieht man bei der Suche nach einer Entscheidung immer mit ängstlichen Seitenblicken auf das Recht der Kasko- und Güterversicherung, stets besorgt, ob es sich auch im einzelnen Fall „analog anwenden" lasse oder nicht.

Aus Obigem folgt noch mehr: Die Frachtversicherung ist ihrer Natur nach eine selbständige Versicherung, die Versicherung eines Hauptinteresses wie die Kasko- und Güterversicherung. Und wenn sich Kasko- und Güterversicherungsvorschriften auf sie anwenden lassen, so nur deshalb, weil die Anwendbarkeit sich logisch aus dem Frachtrecht als solchem ergibt.

Es scheint daher berechtigt, den Umfang der Haftung

des Frachtversicherers allgemein folgendermaßen zu umschreiben: Der Frachtversicherer haftet in dem Umfang, in welchem die Fracht laut Frachtrecht und Frachtvertrag den Seegefahren ausgesetzt ist.

III. Diesen Weg sind die ADS., wie gesagt, nicht gegangen. Es liegt uns nun ob, den durch § 105 Abs. 1 (und §§ 79, 99) vorgezeichneten Weg Schritt für Schritt zurückzulegen und die einzelnen Kasko- und Güterversicherungsvorschriften auf ihre Fähigkeit, sich analog anwenden zu lassen, zu untersuchen.

Allgemein ist hier zu sagen, daß die Anwendung der Kaskoversicherungsvorschriften durchgehends eher möglich ist als die der Güterversicherungsvorschriften, weil (normalerweise) im Versicherungsnehmer Rheder und Verfrachter vereinigt sind, dem Verfrachter (in seiner Eigenschaft als Rheder) freisteht, die Maßnahmen für das Schiff zu treffen, welche verhüten, daß die Haftung des Versicherers nicht beispielsweise wegen §§ 58, 59 ff. ADS. entfällt. Tut er das nicht, läßt er das Schiff z. B. seeuntüchtig auslaufen, und entstehen so Schäden an Schiff und Fracht, so haftet der Versicherer nicht, weil der Rheder (= Verfrachter) den Versicherungsfall verschuldet hat. Wie steht es aber im Fall der Unterfracht? Der Unterverfrachter hat regelmäßig gar keinen maßgebenden Einfluß auf das Schicksal des Kaskos, er kann nicht wie ein Eigentümer über das Schiff verfügen. Hier verbietet sich die Anwendung der oben genannten Bestimmungen.

Im Einzelnen ist folgendes zu sagen:

Zu **§ 58.** Der Versicherer haftet nicht, wenn der Schaden durch Seeuntüchtigkeit verursacht ist. — Seetüchtigkeit allein reicht für die Erhaltung der Fracht nicht aus. Das Schiff muß auch „beförderungstüchtig“ sein in dem Sinne, daß es auch von solchen Mängeln frei sein muß, die die Ladung gefährden, ohne dem Schiff als solchem zu schaden. (Ritter 791.) Dieser Fall ist also unter § 58 nicht mitbegriffen.

Zu **§ 59.** Für Schäden, die nur durch gewöhnliche Abnutzung oder nur durch Alter, Rost, Fäulnis oder Wurmfraß verursacht werden, haftet der Versicherer nicht. Wichtig ist das Wort „nur". Burchard Baumgartners Hdwbuch. 341 will die Vorschrift nicht auf andere als Kasko-Eigentümerinteressen angewendet wissen. Er verkennt jedoch die Bedeutung des Wortes „nur". (Ritter 799.) Daß in dem dieser Vorschrift entsprechenden § 821 Abs. 1 Ziff. 2 HGB. unter „auf das Schiff sich beziehende Versicherungen" auch Frachtversicherung zu verstehen ist, scheint ohne Zweifel. Ziff. 2 schließt die Fälle der Ziff. 1 in sich, geht aber weiter, umfaßt also auch Provisionsinteressen etc. (A. A. Sieveking 105.)

Zu §§ **60, 61,** gefährliche Ladungen, Durchbruch durch feststehendes Eis. Diese Vorschriften sind ohne weiteres auf die Frachtversicherung übertragbar. (Ritter 805, 808.)

Auch § **62** ist anwendbar. Der Versicherer haftet nicht für Beiträge zur großen Haverei, soweit auf Deck verladene Güter aufgeopfert sind. Doch ist hier (auch für den Frachtversicherer) die Entschädigungspflicht gegeben, wenn die Aufopferung im Interesse des Versicherers erfolgte, ADS. §§ 24 Abs. 2, 32. (Ritter 810.)

Zu § **63:** Der Frachtversicherer haftet im Falle von dem Versicherer nicht als solchen angezeigten Ballastreisen nicht für Aufopferungen, die, wenn Güter geladen wären, zur großen Haverei gehören würden. (Ritter 813.)

Zu § **64:** Der Frachtversicherer haftet insoweit nicht, als ein bei Hülfeleistungen etc. entstandener Frachtverlust durch die vom anderen Teil geschuldete Vergütung ausgeglichen wird. (Ritter 817.)

Zu § **65:** „Der Frachtversicherer haftet für Frachtverlust nicht, wenn dieser durch die Beschädigung der Maschine usw. und die Beschädigung nicht durch einen Strandungsfall oder, was ihm gleichsteht, verursacht ist" (Ritter 818). Beachtlich ist, daß hier die analoge Anwendung dazu führt, den Tatbestand gewissermaßen um eine Etappe zu verschieben (vgl. den Wortlaut des § 65 mit den vorhergehenden); der Tatbestand des § 65 als solcher ist natürlich für die Frachtversicherung nicht zu gebrauchen.

§ **66,** betreffend die Dauer der Versicherung, wird für

die Frachtversicherung durch die lex specialis des § 106 ersetzt.

§ **67** handelt von der Verlängerung der Versicherung im Fall der Ausbesserung des Schiffes am Bestimmungsort. Analoge Anwendung auf die Frachtversicherung ist nicht möglich, da die Frachtgefahren mit der Ankunft des Schiffes am Bestimmungsort aufhören. (Ritter 831; s. auch oben § 4.)

§ **68** (Verlängerung der Zeitversicherung) ist für die Frachtversicherung praktisch ohne Bedeutung (Ritter 836, 831).

§ **69** lautet: „Ist die Versicherung für mehrere aufeinanderfolgende Reisen genommen, so erstreckt sie sich auf die zwischen den Reisen liegende Zeit.“ Hier kommt es darauf an, ob für die folgenden Reisen schon Frachtverträge geschlossen sind. Wenn nicht, ist die obige Bestimmung für die Frachtversicherung ohne Bedeutung, da in dem Fall noch kein Interesse (an unbesegelter Fracht) besteht.

Statt des § **70**, der vom Versicherungswert handelt, gilt für die Frachtversicherung § 107 (s. oben § 5).

§ **71**: Bei Totalverlust kann der Versicherungsnehmer die volle Versicherungssumme verlangen. — Wie ist diese Vorschrift „entsprechend“ anzuwenden? Muß man sagen: Bei Totalverlust des Kaskos kann der Frachtversicherte die volle Versicherungssumme verlangen, oder: Bei Totalverlust der Fracht? Einen Sinn kann doch wohl nur die zweite Wendung haben. Denn bei Totalverlust des Schiffes ist keinesfalls immer Fracht verloren, geschweige den total verloren. Trotzdem entscheidet sich Ritter 877 für die erste Auffassung. Hier ist wieder ein Punkt, an dem man genötigt ist, sich mit dem Ausdruck „entsprechende Anwendung“ auseinanderzusetzen. Wie weit kann und soll sich die Analogie erstrecken? Soll sie den ursprünglichen Tatbestand nach Möglichkeit schonen oder darf, bezw. muß sie ihn modeln, bis vielleicht kein Stein mehr auf dem andern bleibt?

§ **72**: Ist das Schiff verschollen, kann der Versicherungsnehmer die Versicherungssumme verlangen. — Dies ist wieder eine Vorschrift, bei deren sinngemäßer Anwendung der Tatbestand zweifellos intakt bleiben muß, um für die Frachtversicherung einen Sinn zu geben. Mit dem Schiff sind notwendig auch die Güter verschollen, die Fracht ist also verloren. (s. Ritter 892.)

Für **§ 73** (Verfügung von Hoher Hand usw.) gilt dasselbe (Ritter 899).

§ 74 handelt vom Teilschaden. Wiederum ist es wichtig, wie herum die Frage nach der Analogie stellt. Entweder: Kann ein (Kasko-) Teilschaden für die Frachtversicherung in dem Sinne von Bedeutung sein, daß für die Feststellung des Frachtschadens das Verfahren des § 74 für den Kaskoteilschaden (der für den Frachtschaden kausal war) anzuwenden ist? Oder: Kann (und muß) man bei einem Frachtteilschaden die Vorschriften über Kaskoteilschaden-Feststellung entsprechend anwenden? Nach Ritter 926 scheint beides möglich zu sein: „Teilschäden von andern als Kaskointeressen im Schiedsgutachter-Verfahren (allgemein" — also z. B. an Frachtinteressen — „oder wenigstens für den Fall eines Teilschadens am Schiffe) festzustellen, besteht im allgemeinen kein Bedürfnis."

§ 75: „Nach Feststellung eines Teilschadens ist das Schiff unverzüglich auszubessern" usw. Der Versicherer trägt die Ausbesserungskosten (Abs. 3 Satz 1). Für die Frachtversicherung kann diese Vorschrift, bezw. deren Tatbestand von Bedeutung werden, „wenn das Schiff beschädigt wird, so ausgebessert werden kann, daß es die versicherte Fracht verdienen kann, und gleichwohl nicht ausgebessert wird" (Ritter 946). Dann liegt schuldhafte Nichtabwendung des Versicherungsfalls vor.

§ 76 (Unterschied zwischen neu und alt) ist unanwendbar.

§ 77: Bei Reparaturunfähigkeit und -unwürdigkeit kann der Versicherungsnehmer das Schiff öffentlich versteigern lassen und den hierdurch entstandenen Schaden ersetzt verlangen, der (für den Kaskointeressenten in dem Unterschied zwischen Versicherungssumme und Erlös,) für den Frachtinteressenten in dem Unterschied zwischen Versicherungssumme und Distanzfracht besteht.

§ **78** betrifft die Haftung für mittelbaren Kollisionsschaden. Er ist selbstverständlich anwendbar; der Rheder haftet für Kollisionsschäden mit Schiff und Fracht (der Rheder; also nicht der Unterverfrachter; d. h. Unter- (Konnossements-) fracht haftet nicht für Kollisionsschäden). Aus systematischen Gründen ist dieser Fall besser unten in § 7 näher zu besprechen.

Es sind nun noch die Güterversicherungsbestimmungen bezüglich ihrer Anwendbarkeit auf die Frachtversicherung zu untersuchen.

§ **80** bestimmt, daß gewisse Güter (wegen ihres hohen Wertes oder ihrer Gefährlichkeit u. dergl.) nicht unter die Versicherung fallen. Das gilt auch für die Frachtversicherung (Ritter 1001). Der Verfrachter hat zwar an sich keine Einwirkung auf die Beschaffenheit der Güter, wohl aber steht es in seinem Willen, sie zu verladen oder nicht und so das Fracht- (und auch Kasko-) Risiko zu beeinflussen. Es mag auch an dieser Stelle nochmals darauf hingewiesen werden, daß die Vorschriften über Güterversicherung an sich eben das Eigentümerinteresse an den Gütern im Auge haben, und daß man bei ihrer Abfassung gewiß nicht gleich an ihre analoge Anwendbarkeit auf Versicherungen gedacht hat, bei denen der Versicherungsnehmer zu den Gütern ganz andere Beziehungen hat als die eines Eigentümers.

§ **81**: „Der Versicherer haftet auch dafür, daß über die Güter durch Verbodmung oder in anderer Weise zum Zwecke der Fortsetzung der Reise verfügt wird". — Wie steht es mit der analogen Anwendung dieser Bestimmung auf die Frachtversicherung? Wieder muß man sich fragen: Soll man die Tatbestände der zu prüfenden Vorschriften (nach Möglichkeit) unberührt lassen oder soll man sie den frachtversicherungsgerechtlichen Tatbeständen möglichst angleichen? Eine andere Frage ist: Soll man, wenn der eine Gesichtspunkt zu keinem vernünftigen Ergebnis führt, sich des anderen bedienen, sobald dieser (wenigstens mit Rücksicht auf das eventuell völlig sinnlose Ergebnis der ersten Methode relativ) sinnvollere

Ergebnisse herbeiführt? Diese Überlegung ist wichtig. Denn man muß sich über die Gefahr eines solchen Vorgehens klar sein, das sich von vornherein darauf beschränkt (aber auch seinen ausschließlichen Ehrgeiz darin sieht), nach einem der beiden Gesichtspunkte zu verfahren, ohne daß zugleich das Bewußtsein dafür wachbleibt, daß sehr wohl beide Wege nicht zum Ziel führen könnten, da die betreffende Vorschrift eben der analogen Anwendung überhaupt widerstrebt. — Im Fall des § 81 haben wir also scheinbar die Wahl zu sagen entweder:

„Der Frachtversicherer haftet auch dafür, daß über die Güter... verfügt wird" (so Ritter 1004)

oder:

„Der Frachtversicherer haftet auch dafür, daß über die Fracht... verfügt wird".

Ist der Tatbestand der ersten Fassung überhaupt möglich? Kann also Fracht verloren gehen (dies ist ja immer die ganz allgemeine Voraussetzung), wenn über die Güter gem. § 81 verfügt worden ist, bezw. wenn dadurch ein Schaden (für die Güter) entstanden ist? Der Schaden für den Güterversicherungsnehmer entsteht, wenn er von Schiff und Fracht keinen Ersatz im Umlageverfahren der großen Haverei erhält. Er erhält keinen Ersatz, wenn Schiff und Fracht verloren sind. Die Gründe, aus denen die Fracht (die hier allein interessiert) verloren gegangen ist, mögen irgendwelche sein, jedenfalls können sie sich niemals aus dem Tatbestand des § 81 ergeben, da, wenn der Tatbestand des § 81 vorliegt, die Fracht notwendig schon verloren sein muß. Die analoge Anwendung, wie sie in der ersten Fassung versucht wurde, ist also unmöglich (Ritter 1004).

Zweite Fassung: Es wird über die Fracht gem. § 81 verfügt; die Fracht (allein) ist verbodmet. Hier ist zu unterscheiden:

1. Die Reise gelingt. Das Schiff kommt an.
   a) Das Bodmereidarlehen wird zurückgezahlt: Dann wird die Fracht frei. Also kein Versicherungsfall.

b) Es wird nicht zurückgezahlt. Der Gläubiger vollstreckt in die Fracht: Versicherungsfall!

2. Die Reise mißlingt. Daß Schiff kommt nicht an.

a) Die Fracht war unbedingt: Dann darf sie garnicht verbodmet werden, HGB. § 680 Abs. 4.

b) Die Fracht war bedingt: Der Versicherer muß zahlen; aber die Versicherungssumme haftet nicht für die Bodmereischuld.

§ 82 (Haftung für Beschädigung. Tod von Tieren) trifft die Frachtversicherung im allgemeinen nicht, da in diesen Fällen keine Fracht verloren geht, HGB. § 618 Abs. 1.

Dasselbe gilt für **§§ 83, 84** (Vorreisegüter, Retourwaren; beschädigte Güter).

§ 85 Abs. 1 ist laut § 105 Abs. 1 auf die Frachtversicherung anwendbar. Soweit also „die Güter auf Deck verladen sind, haftet der (Fracht-) Versicherer nur für Beiträge zur großen Haverei, die der Versicherungsnehmer zu entrichten hat, sowie dafür, daß die Güter infolge eines Totalverlustes oder der Verschollenheit des Schiffes oder infolge eines der im § 73 bezeichneten Ereignisse (Verfügung von hoher Hand; Nehmung durch Seeräuber) verloren gehen". Keine Anwendung findet § 85 Abs. 2, d. h. der Frachtversicherer haftet mit der in Abs. 1 bezeichneten Beschränkung auch für den Fall, daß die Güter ohne Zustimmung des Versicherungsnehmers auf Deck verladen sind (Ritter 1027).

Auch **§ 86** (Haftung für Schäden, die durch die natürliche Beschaffenheit der Güter verursacht sind) findet laut § 105 Abs. 1 auf die Frachtversicherung Anwendung (Ritter 1039).

Bei **§ 87** (Frachtklauseln) erhebt sich wieder die Frage nach der Fassung des „analogen" Tatbestandes. Ritter 1044 entscheidet sich für die folgende: „Der Frachtversicherer würde nicht haften, soweit der Versicherungsnehmer (Verfrachter) die Fracht deshalb nicht verlangen könnte, weil die gesetzliche Haftung des Verfrachters über das verkehrsübliche Maß hinaus erweitert wäre" und stellt fest, daß dies überhaupt nicht geht, da § 87 sich mit dem Umfang der Haftung befasse und von diesen Bestimmungen laut § 105 Abs. 1 nur die §§ 85 Abs. 1, 86 anwendbar seien (s. aber Ritter 1193!).

§ 88 (Dauer der Versicherung) wird für die Frachtversicherung durch § 106 ersetzt.

§ 89 (Leichtergefahr) wird von § 106 mitumfaßt (s. oben § 4).

§ 90 (Versicherungswert) wird durch § 107 ersetzt.

Hinsichtlich der **§§ 91—94** (Totalverlust, Teilverlust, Beschädigung, Teilbeschädigung) kann auf das oben zu den §§ 71, 74, 82 Gesagte verwiesen werden.

§ 95: „Werden die versicherten Güter in anderer Art als mit dem Schiffe befördert, mit welchem sie nach dem Versicherungsvertrage befördert werden sollen, so haftet der Versicherer nicht“, weil eben das Risiko ein anderes ist, nicht nur für die Güter, sondern auch für die Fracht. Jedoch haftet (auch) der Frachtversicherer, wenn (§ 95 Abs. 2) „die Güter nach dem Beginn der Versicherung infolge eines Unfalls, für den der Versicherer haftet, mit einem anderen als dem im Versicherungsvertrage bestimmten Schiffe oder zu Lande befördert“ werden. Nicht aber trägt er die dadurch entstandenen Kosten (da sie bereits vom Güterversicherer getragen werden) (s. Ritter 1117).

Zu **§ 96**. Für ein Verlangen des Frachtversicherers, nach Aufgabe der Reise die Güter zu verkaufen, liegt kein Anlaß vor. Ob ein Erlös erzielt wird, kann ihm gleichgültig sein. Die Fracht ist in allen Fällen verloren.

§§ 97, 98 handeln von der laufenden bezw. Abschreibeversicherung. Sie ist für die Frachtversicherung denkbar, aber nicht gebräuchlich (Ritter 1184).

Zusatz: Für die Versicherung bedingter Binnenfracht gilt im allgemeinen dasselbe, was oben über die Seefracht gesagt wurde, soweit sich nicht aus der abweichenden Ausgestaltung des Binnenfrachtvertrages und der besonderen Verhältnisse der Binnenschiffahrt Abweichungen ergeben.

Die praktische Bedeutung der Binnenfrachtversicherung

ist nicht allzu groß. Der Binnenfrachtführer „pflegt seine Fracht nicht zu versichern“, was nach Mittelstein I 267 dazu geführt hat, ihm im Gegensatz zum (See-) Verfrachter im Falle des Güterverlustes durch Unfall für die bereits zurückgelegte Strecke Distanzfracht zuzubilligen, BSchG. § 64 Abs. 1. Das dürfte (soweit bedingte Fracht in Frage kommt) der Hauptunterschied zur Seefracht sein (d. h. unter dem Gesichtspunkt der Frachtversicherung gesehen).

Wir haben hier also einen Versicherungsfall mehr als in der Seefrachtversicherung. Daß es wirklich ein Versicherungsfall ist, kann nicht zweifelhaft sein; streitig könnte vielleicht die Höhe des ersatzfähigen Schadens sein. Einige wollen den (ersatzfähigen!) Schaden aus den entgangenen Rückfrachtmöglichkeiten ableiten. Das ist in dieser allgemeinen Fassung nicht richtig. Wenn mit „Möglichkeit“ ausgedrückt werden soll, daß die mehr oder minder begründete Aussicht auf Rückfracht gemeint ist, liegt jedenfalls ein Irrtum vor. Wenn nicht schon ein (Rück-) Frachtvertrag abgeschlossen ist, ist noch keine Frachtversicherung und somit auch kein versicherbares Interesse gegeben. (Wenigstens läßt sich dies Interesse nicht als Frachtinteresse versichern. Ersatzfähig ist der Schaden im Falle einer Distanzfracht nur in Höhe des Unterschiedes zwischen voller und Distanzfracht. In dieser Höhe ist die Frachtforderung untergegangen. Falls jedoch der Frachtführer in Höhe dieses Unterschiedes (oder darüber hinaus) noch neue Fracht bekommt, sei es zum Bestimmungsort der ursprünglichen Reise, sei es zurück zum Ausgangsplatz, so muß er sich diese als Ersatzfracht anrechnen lassen und er bekommt vom Versicherer nichts.

Was schließlich die Versicherung der Luftfracht angeht, so ist deren Versicherung wohl denkbar, aber noch nicht praktisch geworden. Das mag einmal seinen Grund darin haben, daß die Luftversicherung überhaupt noch in den ersten Anfängen steckt und sehr zögernd an die Übernahme von Risiken geht, deren genaue Berechnung wegen der geringen Erfahrungen unmöglich ist. Zudem wird bedingte

Fracht kaum vorkommen, und die unbedingte steht, wie schon vorweggenommen werden kann, nicht in einem der unbedingten See- oder Binnenfracht entsprechenden Risiko. (Im übrigen vgl. Brüders, Schiffahrt-Jahrbuch 1926, 991 ff.)

§ 7.
Die Versicherung der unbedingten Fracht.

I. „Die Anerkennung der unbeschränkten Haftung des Verfrachters . . . muß das nächste Ziel der Reform des Seerechts sein" (Gütschow, HansRZ. 1924, 169).

In dem Augenblick, wo dieses Ziel erreicht ist, sind die Ausführungen dieses Paragraphen „veraltet". Bislang aber haftet der Rheder den Schiffsgläubigern im allgemeinen nur mit Schiff und Fracht. Diese durch die Haftung des Rheders der Fracht drohende Gefahr, bezw. die einzelnen Gefahrquellen sollen jetzt untersucht werden.

Nur die unbedingte Fracht haftet. Es leuchtet ein, daß nur diejenigen Vermögenswerte des Rheders ein geeignetes Haftungsobjekt bilden, die nicht u. U. wieder aus seinem Vermögen ausscheiden. Die Fracht kann von vornherein unbedingt sein: wenn sie nämlich von Anfang an als solche laut Frachtvertrag geschuldet wird. Sie kann aber auch erst im Verlauf der Ereignisse unbedingt werden: wenn sie nämlich bedingt geschuldet war und die Bedingung eingetreten ist, die Reise also insoweit geglückt ist, als die Güter am Bestimmungsort abgeliefert worden sind. Dann ist die Fracht ein ebenso „sicherer" Vermögensbestandteil des Verfrachters geworden wie die von vornherein unbedingte Fracht. Die Versicherungssumme für die verlorene bedingte Fracht kann nicht zur Haftung mit herangezogen werden (Brandis I 103 f.).

Man könnte glauben, das Risiko an der unbedingten Fracht laufe für den Versicherer nur solange, „als die Fracht noch aussteht oder die Frachtgelder in den Händen des Schiffers sind"; denn nur solange wirkt das Pfandrecht der Schiffsgläubiger an der Fracht (HGB. § 771 Abs. 1). Hat nämlich der Rheder die Fracht eingezogen, so haftet er persönlich; — aber nicht mit seinem ganzen Vermögen, sondern nur mit dem Teil, der der eingezogenen Fracht entspricht. In Wahrheit haftet er also immer noch mit „der Fracht“, mit „dem Frachtgeld“, so daß auch für den Versicherer die Haftung weiterbesteht.

Da Ritter unter Frachtversicherung „grundsätzlich“ nur die Versicherung von Frachtforderungen begreift, entsteht für ihn an dieser Stelle eine systematische Schwierigkeit. Er meint (1221), „dieses Interesse könnte als »Fracht« eigentlich nicht versichert werden“. „Es wird so angesehen, wie wenn die Frachtforderung noch bestände.“ Diese Fiktion ist gar nicht nötig, wenn man, wie es sonst immer geschieht, auch in diesem Fall unter Fracht sowohl die Frachtforderung als auch die Frachtgelder versteht. (Vgl. oben § 1 III.)

Die gesetzliche Grundlage für die Haftung der Fracht gegenüber den Schiffsgläubigern und damit indirekt auch für die Frachtversicherung bildet HGB. § 754 in Verbindung mit § 765, der sagt, daß sich das Schiffsgläubigerpfandrecht auch auf die Bruttofracht der Reise, aus der die Forderung entstanden ist, erstreckt.

Von den unter § 754 aufgeführten Fällen müssen in diesem Zusammenhange zunächst die Bodmereiforderungen (Ziff. 6) ausgenommen werden. Denn unbedingte Fracht darf gem. § 680 Abs. 4 nicht verbodmet werden, und zwar deswegen nicht, weil die Verbodmung eines den Seegefahren nicht ausgesetzten Vermögensgegenstandes dem „aleatorischen“ (Brandis II 82) Wesen des Bodmereivertrages zuwiderlaufen würde. Eine „Verbodmung“ unbedingter Fracht würde eine gewöhnliche Verpfändung sein. Diese (gewöhnliche Verpfändung) kann unter die übrigen Fälle der Ziffer 6 fallen und somit ein Schiffsgläubigerrecht gewähren; nötig ist das aber nicht. — Ob die Befriedigung aus der verpfändeten Fracht überhaupt ein Versicherungsfall für die Frachtversicherung ist, kann zweifelhaft sein. Keinesfalls liegt ein Versicherungsfall vor, wenn die Verpfändung nicht im Zusammenhang mit der Frachtreise steht, aus der die Fracht zu verdienen ist. Aber auch in anderen Fällen muß man (so auch Sieveking 160) annehmen, daß durch die Verpfändung für den Verfrachter wirtschaftlich kein Vermögensnachteil entsteht, weil der Verpfändung auf der anderen Seite die Hingabe entsprechender Vermögenswerte gegenüber steht. (Anders Ritter 54.)

Warum übrigens nur die Fracht haftungspflichtig gemacht wird und nicht auch Schiffsmiete oder Schiffsheuer, hat noch niemand sagen können. Man beschränkt sich stets, ohne einen sachlichen Grund dafür anzugeben, darauf, mit aller Schärfe hervorzuheben, daß die Heuer nicht beiträgt, eben „weil sie nicht Fracht ist“ (z. B. Pappenheim III 93). Was aber die (unbedingte) Fracht, diesen für den Rheder insoweit unverlierbaren Teil seiner fortune de mer unterscheidet von einem solchen, den er gleichfalls durch die Verwendung seines Schiffes zum Seehandel gewinnt, ist nicht recht einzusehen. Der Gedanke ist doch, den Rheder mit seinem „Schiffsvermögen“ haften zu lassen. Hierunter wird erstens unzweifelhaft das Schiff verstanden; zweitens dasjenige, was er durch sein Schiff auf der betreffenden Reise verdient. Ob sich dieser Verdienst von einem Vertrage herleitet, der die bloße Gebrauchsüberlassung des Schiffes zum Gegenstande hat, oder von einem Vertrage, der sich auf die Dienste der Mannschaft erstreckt, oder endlich von einem Vertrage, der auf die Beförderung von Gütern ausdrücklich abzielt, das müßte doch auf die Haftpflicht des Erlöses, des Gewinnes aus diesen Verträgen ohne Einfluß sein. Immerhin, das Gesetz bestimmt eindeutig (die ratio allerdings dunkel lassend), daß nur die Fracht mithaftet (bezw. die Überfahrtsgelder, HGB. § 677). (Vgl. z. B. die englische Rechtsauffassung: „The word freight in insurance law has a more extensive signification than in the general law of shipping and is used comprehensively to denote the benefit derived by the shipowner from the employment of his ship“; b. Ritter 116.)

II. Die Hauptfälle der Frachthaftung (und damit auch der Haftung des Frachtversicherers) sind:

1. Die große Haverei (Ritter 515). Die Beeinträchtigungen, die der Verfrachter im Fall der großen Haverei haben kann, können dreierlei Ursachen haben: Die „Aufopferung“ (hierzu Ritter 502), Beiträge und schließlich den Fall, daß die übrigen Havereigenossen ihre Beiträge nicht bezahlen. Für alle drei Möglichkeiten steht der Versicherer ein (§ 29 Abs. 1 ADS.). Er „übernimmt die Havariegroße-Situation“ (Ritter 498). Der Versicherungsnehmer wird also tatsächlich so gestellt, als wäre kein Fall der großen Haverei gegeben.

Hierbei ist noch zu bemerken, daß § 756 HGB. nicht auf § 754 Ziff. 5 paßt: Das Pfandrecht wegen der Beiträge des Schiffes erstreckt sich nicht auf die Fracht; sondern an dieser besteht eben ein selbständiges Pfandrecht wegen ihrer Beiträge zur großen Haverei (s. Brandis I 100). Man könnte also von einer Art „analoger Anwendung“ des § 756 sprechen, wenn auch gerade in diesem Fall eine direkte Anwendung gemeint, aber nicht genügend durchdacht war.

2. Die uneigentliche große Haverei.

Sie umfaßt die Fälle des § 635 HGB. (Verteilung der durch Ereignisse des § 629 entstandenen Kosten) und des § 540 (Mithaftung der Fracht bei Verfügung des Schiffers über die Ladung in bestimmten Notfällen). Als einen Fall uneigentlicher großer Haverei kann man auch die Umlage der Bergungskosten ansehen (vgl. Ritter 511).

3. Verschuldete Kollision. Der Frachtversicherer haftet für den Frachtverlust, der durch die Mithaftung der Fracht für mittelbare Kollisionsschäden entstanden ist (s. § 78 ADS.). Für die Fracht ist an sich jeder Kollisionsschaden, für den sie mithaftet, ein „mittelbarer“ Schaden insofern, als er durch außervertragliche (nicht nur außerhalb des Frachtvertrages liegende) Rechtsverhältnisse verursacht wird. Für den Kaskoversicherer insbesondere (an den § 78 in erster Linie denkt) bedeutet ein mittelbarer Kollisionsschaden einen solchen, der nicht die Substanz des Schiffskörpers seines Versicherungsnehmers betroffen hat, sondern der das Schiffs-

vermögen kraft Haftpflicht gegenüber Dritten betrifft. Und selbstverständlich kommen auch nur diese Schäden für die Fracht in Frage.

Die Frachtversicherung ist mit Rücksicht auf das durch den mittelbaren Kollisionsschaden vermittelte Interesse notwendig Unterversicherung. Denn dieses Interesse bezieht sich auch auf das Schiff. Diese Erkenntnis ist wichtig für die Berechnung der Entschädigungssumme des Versicherers. Im Falle der Unterversicherung wird bekanntlich die Entschädigungssumme berechnet, indem man das Verhältnis von Versicherungssumme und Versicherungswert bildet. Die Zugrundelegung des Versicherungswertes würde jedoch in diesen Fällen unrichtige Ergebnisse zur Folge haben, wenn Schiff oder Fracht bereits vor dem die Entschädigungspflicht auslösenden Ereignis eine Werteinbuße erlitten haben. Darum legt § 78 für die Berechnung den Schiffs- (bezw. Fracht-) Wert (nach der Kollision) zu Grunde. Dann nur diese Werte haften den „Dritten“ (s. Ritter 984 f.; RG. 33, 76 ff.).

4. Die übrigen Fälle des § 754 HGB. bieten weder besondere Schwierigkeiten noch besonderes Interesse. Es kann auf das oben Gesagte Bezug genommen werden.

Zusatz: Im Bereiche der Binnenfrachtversicherung entfällt eine wichtige Art von Versicherungsfällen, da die Fracht im Binnenschiffahrtsrecht nicht zur großen Haverei beiträgt, § 78 Abs. 2 BSchG. (Mittelstein i. E. 330 f.). Der Grund, den Frachtführer von der Beitragspflicht zu befreien, lag in der Erwägung, daß er an der Erhaltung der Ladung in Ansehung der Fracht ein geringeres Interesse habe, da ihm Distanzfracht zustehe. (Wohl aber ist er vergütungsberechtigt; Mittelstein a. a. O.) Es steht jedoch nichts im Wege, durch Parteivereinbarung eine Haverei-Gemeinschaft zu schaffen; denn die Vorschriften über die große Haverei sind nicht zwingend. (Schümann, Schiffahrt-Jahrbuch 1925, 734). In solchem Falle würde das oben für die Seefrachtversicherung Gesagte gelten.

Den Schiffsgläubigern steht, wie im Seerecht, ein Pfandrecht auch an der Fracht zu, §§ 102, 104 BSchG., mit der Maßgabe, daß der Fracht das Fahrgeld für Personenbeförderung und bei Schleppschiffen der Schlepplohn gleichgestellt wird. (BSchG. § 104 Abs. 4.)

Über Luftfrachtversicherung vgl. das oben im Zusatz zu § 6 Gesagte.

§ 8.

Die Versicherung von Rhedersgüter„fracht".

„Als Versicherungswert der Fracht gilt . . . soweit Güter für Rechnung des Rheders verschifft sind, der Betrag der am Ort und zur Zeit der Abladung üblichen Fracht", ADS. § 107 Abs. 1; BSVB. § 60 Abs. 2; HGB. § 797 Abs. 2.

In dieser Vorschrift wird zum Ausdruck gebracht erstens, daß, wenn Rhedersgüter befördert werden, eine Summe versichert werden kann, die in gewöhnlichen Fällen in Gestalt der Fracht erscheint. Zweitens wird die Höhe dieser Summe auf die „übliche Fracht" festgelegt.

Daß in solchem Fall (wie schon oben in § 6 Ia ausgeführt) von Fracht im eigentlichen Sinne nicht gesprochen werden kann, wird allgemein anerkannt (Ritter 1220), da eben kein Frachtvertrag vorliegt. (Voigt-Seebohm 146 spricht daher von „fingierter Fracht".) Wohl aber wird dem Rheder ein versicherbares Interesse zuerkannt, und an dieser Stelle beginnen die Schwierigkeiten (und Streitfragen). Es fragt sich nämlich: Welcher Art ist das Interesse? Welchen Schaden erleidet der Rheder, wenn seine Güter untergehen? Die erste Frage wird zumeist dahin beantwortet, es handele sich um Güterinteresse (Ritter 1220 f.); wenn Ritter dies aber (115) dahin erläutert: „ . . . ebenso etwa, wie die Versicherung subject to insurance endgültig bezahlter Fracht", so wird damit (indem die zweite Frage, nach dem Schaden berührt wird) ein unbrauchbarer Vergleich gezogen; denn die subject to insurance bezahlte Fracht ist (vom Befrachter) eben tatsächlich bezahlt. Wie steht es aber mit der der „üblichen Fracht" entsprechenden, nach heutiger Anschauung versicherbaren Summe? Übliche Fracht bedeutet (natürlich): übliche Bruttofracht, die sich, wie oben in § 5 I ausgeführt, aus Unkosten und Unternehmergewinn (Nettofracht) zusammensetzt. An dem Letzteren hat jedoch der Rheder nur u. U. ein Interesse, nämlich, wenn er die Güter im Bestimmungsland verkaufen wollte. Auf den Verkaufspreis der Güter ist er ohne Frage berechtigt (neben dem normalen Verkaufsgewinn) einen Aufschlag für die übliche Fracht zu machen. Dieser Betrag ist als Gütermehrwert versicherbar; (auch an der Bezeichnung als „Fracht" nimmt der Versicherungsverkehr keinen Anstoß; die Bezeichnung ist jedoch wichtig wegen des verschiedenen Beginns der Versicherung, Ritter 116). Gebraucht oder verbraucht er die Güter (z. B. Kohlen) aber im eigenen Betriebe, so ist niemand da, der ihm einen „Unternehmergewinn" ($^2/_3$ der Bruttofracht!) zahlt. Das sonderbare Ergebnis ist, daß der Rheder bei glücklichem Ausgang der Reise erheblich weniger „verdient", als bei Eintritt des Versicherungsfalls. „So will es der Verkehr. So will es darum auch das Recht" (Ritter 115).

Dieser letzte Satz gilt jedoch heute nicht mehr unbedingt. Das Hanseatische OLG. hat sich in einer Entscheidung (Hans R Z. 1924. 177 ff.) mit der Frage der Versicherbarkeit der Rhedersgüter„fracht" befaßt und sie grundsätzlich verneint. (Dagegen allerdings RG. Seuff. 79 Nr. 151.) Ein Rheder hatte eigene Kohlen auf eigenen Schiffen importiert und sich auf zwei Policen versichert: eine auf Kasko und/oder Fracht, und zwar auf Nettofracht u./o. Frachtinteresse u./o. behaltene Ankunft des Schiffes, die andere auf Güter. Die Schiffe gingen total verloren; auf die erste Police wurde die Versicherungssumme voll bezahlt, die zweite (Güter-) Police war im Streit, weil der Rheder auf diese noch Fracht „aufgeschlagen" hatte. Das OLG. ging nun davon aus, daß die Fracht nicht durch eine Güterpolice gedeckt werden könne; im Lauf der weiteren Ausführungen kommt jedoch ganz klar die Ansicht zu Tage, daß bei Rhedersgütern überhaupt nicht (auch nicht auf Kasko- und/oder Frachtpolicen) „Fracht" versichert werden könne, wenigstens nicht ein der üblichen Nettofracht entsprechender Betrag; vgl. auch Ritter 1064, der — wenigstens an dieser Stelle — nur meint: „Das Interesse des Rheders und“ (d. i. und gleichzeitig) „Gütereigentümers daran, die Beförderungskosten nicht umsonst aufgewendet zu haben, ist natürlich versicherbar, d. h. kann (besonders) mit oder neben der Güterversicherung“ (soll heißen: dem Güterinteresse) „versichert werden“. Die Beförderungskosten, die baren Auslagen, kann er versichern, nicht aber etwas, was er im Falle glücklichen Ausgangs der Reise garnicht bekommen würde. Bei dem Transport von Rhedersgütern gibt es insoweit eben kein „äquivalentes Risiko“, wie RG. a. a. O. behauptet. Ritter wird übrigens vom RG. gröblich mißverstanden, wenn es a. a. O. meint, „Ritter sei in § 90 Anm. 13 auch der Meinung, daß Fracht für Rhedersgüter nicht versicherbar sei“. An der angezogenen Stelle spricht Ritter vom Versicherungswert der Rhedersgüter und bemerkt, daß zu diesem naturgemäß keine endgültig bezahlte Fracht (wie in § 90 für gewöhnliche Güter vorgesehen) und auch keine gewöhnliche Fracht hinzugerechnet werden kann, da es eben keine gibt; es handelt sich dort also um ganz etwas Anderes.

Eine zweite „Lebensfrage“ für die Rhedersgüter„fracht“ ist die: Soll man sie wie bedingte oder wie unbedingte Fracht behandeln? Aus ihr selber kann die Antwort nicht entnommen werden; denn es ist niemand da, der die „Bedingung“ stellen könnte. Da sie überhaupt in Wahrheit garnicht bezahlt wird, kann man auch nicht feststellen, ob die Bezahlung vom Erfolg der Reise abhängig ist. Ein Anhaltspunkt (um überhaupt in dieser Richtung Feststellungen zu treffen) ergibt sich jedoch aus § 771 Abs. 5 HGB. Dort heißt es, daß der Rheder im Falle, daß seine eigenen Güter befördert worden sind, den Schiffsgläubigern mit einem der üblichen Fracht entsprechenden Teil seines Vermögens haftet. Den Schiffsgläubigern haftet aber (wie oben in § 7 I ausgeführt) nur unbedingte Fracht. Demnach muß man sagen, daß die Rhedersgüter„fracht", auch wenn ihrem Wesen ein Vergleich mit bedingter und unbedingter Fracht widerstrebt, sobald es sich um eine Inanspruchnahme durch Dritte handelt, wie unbedingte Fracht behandelt werden muß. (Daher irrig Ritter 1217: „Im Falle der Versicherung von „Fracht" für Rhedersgüter kommt eine Entziehung der Fracht nicht in Betracht".) Es kann also insoweit auf die Ausführungen des § 7 Bezug genommen werden mit der Einschränkung, daß der Versicherer der Rhedersgüter„fracht" im Falle des § 78 ADS. nicht haftet, wenn die Rhedersgüter beschädigt sind, und der Versicherungsnehmer den Schaden ersetzen müßte, wenn es eben nicht seine eigenen Güter wären (Ritter 976 f.)

Benutzte Bücher und Aufsätze.

Benecke-Nolte, System des See-Assekuranz- u. Bodmerei-Wesens. 1852.

Brandis, Das deutsche Seerecht. 2 Bde.

Bruck, Reichsgesetz über den Versicherungsvertrag. 5. Aufl. 1926.

Brüders, Luftversicherung (Schiffahrt-Jahrbuch 1926, 991 ff.).

Burchard, Alter des Schiffes (Abnutzung). (Im Handwörterbuch des gesamten Versicherungswesens. Herausgegeben von Baumgartner. Straßburg 335—344.)

Ehrenberg, Versicherungssumme und Prozeßkosten bei der Haftpflichtversicherung usw. (Z. 1923. 261.)

Gerhard-Hagen u. a., Kommentar zum deutschen Reichsgesetz über den Versicherungsvertrag. 1908.

Gütschow, Das Ziel der Entwicklung des Seerechts (HansRZ. 1924. 169 ff.).

Herzfelder, Kreditversicherung (Manes' Versicherungslexikon 2. Aufl. 1924. 809 f.).

Hochgräber, Frachtversicherung (Manes' Versicherungslexikon 2. Aufl. 1924. 540 f.).

Mittelstein, Deutsches Binnenschiffahrtsrecht. 1. Bd. 1903. (Zit. Mittelstein I.)

Mittelstein, Das Recht der Binnenschiffahrt (Ehrenbergs Handbuch des gesamten Handelsrechts. Bd. VII, Abt. 1 1918. Zit. Mittelstein i. E.)

Molt, Der Kreditversicherungsvertrag 1913.

Pappenheim, Handbuch des Seerechts. Bd. 3. 1918.

Ritter, Das Recht der Seeversicherung. Bd. 1 1922, Bd. 2 1924.

Schümann, Große-Haverei in der Binnenschiffahrt, Schiffahrt-Jahrbuch 1925. 734.

Sieveking, Das deutsche Seeversicherungsrecht 1912.

Tecklenborg, System des Seeversicherungswesens 1862.

Voigt-Seebohm, Das deutsche Seeversicherungs-Recht 1887.

Abkürzungen.

ADS. = Allgemeine Deutsche Seeversicherungs-Bedingungen. 1919.
BGB. = Bürgerliches Gesetzbuch.
BSchG. = Gesetz betr. die privatrechtlichen Verhältnisse der Binnenschiffahrt.
BSVB. = Versicherungs-Bedingungen der Bremischen See-Versicherungs-Gesellschaften. Revidiert 1875.
HGB. = Handelsgesetzbuch.
HansRZ. = Hanseatische Rechts-Zeitschrift. Hamburg.
LZ. = Leipziger Zeitschrift für Deutsches Recht. München-Berlin-Leipzig.
OLG. = Oberlandesgericht.
RG. = Entscheidungen des Reichsgerichts in Zivilsachen.
Seuff. = J. A. Seufferts Archiv für Entscheidungen usw. München.
VVG. = Reichsgesetz über den Versicherungsvertrag.
Z. = Zeitschrift für die gesamte Versicherungswissenschaft.

Verlag von L. Friederichsen & Co. in Hamburg.

Das Recht der Seeversicherung.

Ein Kommentar
zu den
Allgemeinen Deutschen Seeversicherungs-Bedingungen.
(Im Jahre 1919 herausgegeben von den deutschen Seeversicherern nach Beratungen mit deutschen Handelskammern und Fachverbänden unter Vorsitz der Handelskammer Hamburg).

Von

Dr. Carl Ritter,

Senatspräsident am Hanseatischen Oberlandesgericht.

2 Bände, groß-8°, 1494 Seiten, in $^1/_2$ Leinen gebunden M. 100.—

Allgemeine Deutsche Seeversicherungs-Bedingungen. Im Jahre 1919 herausgegeben von den deutschen Seeversicherern nach Beratungen mit deutschen Handelskammern und Fachverbänden unter Vorsitz der Handelskammer Hamburg. 16.—20. Tausend. G.-M. 2.—

General Rules of Marine Insurance 1919 adopted by the German Underwriters. Authorised Translation prepared by Dr. Alfred Sieveking, lawyer in Hamburg. 1920. G.-M. 3.—.

Materialien zu den Allgemeinen Deutschen Seeversicherungs-Bedingungen. Im Auftrage der vereinigten Handelskammern herausgegeben von Prof. Dr. iur. E. Bruck. 2 Bände. 1920. G.-M. 10.—.

Martin, Dr. Rudolph, Die Haftung des Versicherers für Güter aus deutschen Schiffen in italienischen und portugiesischen Häfen. 1918. G.-M. 4.—.

Plaß, General-Direktor, F.; Geschichte der Assekuranz und der hanseatischen Seeversicherungsbörsen Hamburg, Bremen, Lübeck. 1902. Geb. G.-M. 20.—.

Druck von Reinhold Berger, Lucka (Thür.)

FSC
www.fsc.org
MIX
Papier | Fördert gute Waldnutzung
FSC® C083411

Kolibri 360 GmbH
Ferdinand-Jühlke-Straße 7
99095 Erfurt, Deutschland
produktsicherheit@kolibri360.de